环境监测与环境管理研究

田 欣 付振来 周 正◎著

吉林科学技术出版社

图书在版编目（CIP）数据

环境监测与环境管理研究 ／ 田欣， 付振来， 周正著
. -- 长春 ： 吉林科学技术出版社， 2022.11
　　ISBN　978-7-5744-0010-8

　　Ⅰ. ①环… Ⅱ. ①田… ②付… ③周… Ⅲ. ①环境监
测—研究②环境管理—研究 Ⅳ. ①X83②X32

中国版本图书馆 CIP 数据核字(2022)第 233326 号

环境监测与环境管理研究
HUANJING JIANCE YU HUANJING GUANLI YANJIU

作　者　田　欣　付振来　周　正
出 版 人　宛　霞
责任编辑　安雅宁
幅面尺寸　185 mm×260mm
开　　本　16
字　　数　291 千字
印　　张　12.75
版　　次　2024 年 7 月第 1 版
印　　次　2024 年 7 月第 1 次印刷
出　　版　吉林科学技术出版社
发　　行　吉林科学技术出版社
地　　址　长春市净月区福祉大路 5788 号
邮　　编　130118
发行部电话/传真　0431-81629529　81629530　81629531
　　　　　　　　　　81629532　81629533　81629534

储运部电话　0431-86059116

编辑部电话　0431-81629518
印　　刷　北京四海锦诚印刷技术有限公司

书　　号　ISBN 978-7-5744-0010-8
定　　价　65.00 元

前　言

随着人类社会的不断发展，社会生产力的不断提高，人们的生活有了很大变化。同时，对自然资源的开发利用的不均衡性也为环境带来了一些负面影响，导致自然环境受到污染，生态环境甚至遭到破坏。

人类只有一个地球，保护好自然环境不仅对于今天的人类十分重要，还关系到我们子孙后代的生存安全。中国是一个拥有约 14 亿人口的大国，她的繁荣与富强在很大程度上取决于环境问题的良好解决。从这个意义上说，保护环境、治理污染已经是我们义不容辞的责任。

本书从环境监测的基本内容介绍入手，针对环境监测的目的与分类、环境污染和环境监测的特点、环境监测网络与环境自动监测、环境标准进行了分析和研究；另外，对水和废水监测、空气和废气监测、土壤环境与危险废物监测做了一定的介绍；还剖析了环境管理的理论基础、环境管理的手段、水环境管理以及土壤与固体废物管理等内容。旨在摸索出一条适合现代环境监测与环境管理的科学道路，帮助相关工作者在应用中少走弯路，运用科学方法，提高效率。

受编者水平所限，书中错漏之处在所难免，敬请广大读者批评指正，并在阅读和使用中提出宝贵意见，以便不断修订与完善，成为读者的良师益友。

目　录

第一章　环境监测的基本内容

第一节　环境监测的目的与分类

一、环境监测的目的

环境监测的目的是准确、及时、全面地反映环境质量的现状及发展趋势，为环境管理、污染源控制、环境规划提供科学依据。环境监测的任务可具体归纳为：

1. 根据环境质量标准，利用监测数据对环境质量做出评价。

2. 根据污染情况，追踪污染源，研究污染变化趋势，为环境污染监督管理和污染控制提供依据。

3. 收集环境本底数据、积累长期监测资料，为制定各类环境标准（法规），实施总量控制、目标管理、预测环境质量提供依据。

4. 实施准确可靠的污染监测，为环境执法部门提供执法依据。

5. 为保护生态环境、人类健康以及自然资源的合理利用提供服务。

二、环境监测的分类

环境监测可按监测介质和监测目的进行分类。

（一）按监测介质分类

环境监测按监测介质（环境要素）分类，可分为空气监测、水质监测、土壤监测、固体废物监测、生物监测、生态监测、物理污染监测（包括噪声和振动监测、放射性监测、电磁辐射监测）和热污染监测等。

（二）按监测目的分类

1. 监视性监测（又称常规监测或例行监测）

监视性监测是对环境要素的污染状况及污染物的变化趋势进行监测，以达到确定环境质量或污染状况、评价污染控制措施效果和衡量环境标准实施情况等目的。监视性监测是各级环境监测站监测工作的主体，所积累的环境监测数据，是确定一定区域内环境污染状况及发展趋势的重要基础。

监视性监测包括两方面的工作：①环境质量监测（指所在地区的水体、空气、噪声、固体废物等的常规监测）；②污染源监督监测（指对所在地区的污染物浓度、排放总量、污染趋势等的监测）。

2. 特定目的性监测（又称特例监测）

特定目的性监测是为完成某项特种任务而进行的应急性监测，是不定期、不定点的监测。这类监测除一般的地面固定监测外，还有流动监测、低空航测、卫星遥感监测等形式。特定目的性监测可分为以下几种情况：

（1）污染事故监测

对各种突发污染事故进行现场应急监测，摸清事故的污染程度和范围、造成危害的大小等，为控制和消除污染提供决策依据。如油船石油溢出事故造成的海洋污染监测、核泄漏事故引起的放射性污染监测、工业污染源各类突发性的污染事故监测等。

（2）仲裁监测

主要是针对环境法律法规执行过程中所发生的矛盾和环境污染事故引起的纠纷而进行的监测，如排污收费、数据仲裁、调解处理污染事故纠纷时向司法部门提供的仲裁监测等。仲裁监测应由国家指定的具有质量认证资质的单位或部门承担。

（3）考核验证监测

一般包括环境监测技术人员的业务考核、上岗培训考核、环境监测方法验证和污染治理项目竣工验收监测等。

（4）综合评价监测

针对某个工程或建设项目的环境影响评价进行的综合性环境现状监测。

（5）咨询服务监测

指向其他社会部门提供科研、生产、技术咨询、环境评价和资源开发保护等服务时需要进行的服务性监测。

3. 研究性监测（又称科研监测）

研究性监测是专门针对科学研究而进行的监测，属于技术比较复杂的一种监测，往往要求多部门、多学科协作才能完成。一般包含以下几种情况：

（1）标准方法、标准样品研制监测

为制定、统一监测分析方法和研制环境标准物质（包括水样、空气、土壤、尘、植物等各种标准物质）所进行的监测。

（2）污染规律研究监测

主要研究污染物从污染源到受体的转移过程以及污染物质对人、生物和生态环境的影响。

（3）背景调查监测

通过监测专项调查某区域环境中污染物质的原始背景值或本底含量。

第二节　环境污染和环境监测的特点

一、环境污染的特点

（一）广泛性

广泛性指各种污染物的污染影响范围在空间和时间上都比较广。由于污染源强度、环境条件的不同，各种污染物质的分散性、扩散性、化学活动性存在差异，污染的范围和影响也就不同。空间污染范围有局部的、区域的、全球的；污染影响时间有短期的、长期的。一个地区可以同时存在多种污染物质，一种污染物质也可以同时分布在若干区域。

（二）复杂性

复杂性指影响环境质量的污染物种类繁多，成分、结构、物理化学性质各不相同。监测对象的复杂性包括污染物的分类复杂性和污染物存在形态的复杂性。

（三）易变性

易变性指环境污染物在环境条件的作用下发生迁移、变化或转化的性质。迁移指污染物空间位置的相对移动，迁移可导致污染物扩散稀释或富集；转化指污染物形态的改变，如物理相态和化学化合态、价态的改变等。迁移和转化不是毫无联系的过程，污染物在环境中的迁移常常伴随着形态的转化。

二、环境监测的特点

（一）综合性

环境监测是一项综合性很强的工作。首先，环境监测的方法包括物理、化学、生物、物理化学、生物化学等，它们都是可以表征环境质量的技术手段。其次，环境监测的对象包括空气、水、土壤、固体废物、生物等，准确描述环境质量状况的前提是对这些监测对象进行客观、全面的综合分析。

（二）连续性

环境污染的时间、空间分布具有广泛性、复杂性和易变性的特点，因此，只有开展长期、连续的监测，才能从大量监测数据中发现环境污染的变化规律，并预测其变化趋势。数据越多，监测周期越长，预测的准确度就越高。

（三）追溯性

环境监测包含现场调查、监测方案制订、优化布点、样品采集、运送保存、分析测试、数据处理、综合评价等环节，是一项复杂的系统工作。任何一个环节出现差错都将对最终数据的准确性产生直接影响。为保证监测结果的准确度，必须先保证监测数据的准确性、可比性、代表性和完整性。因此，环境监测过程一般都需要建立相应的质量保障体系，确保每一个工作环节和监测数据都是可靠的、可追溯的。

三、环境优先监测

环境中可能存在的污染物质种类繁多，不同种类的污染物质其含量和危害程度往往不尽相同，在实际工作中很难做到对每一种污染物质都开展监测。在人力、物力和技术水平等有限的条件下，往往只能做到有重点、有针对性地对部分污染物进行监测和控制。这就要求按照一定的原则，根据污染物质的潜在危害、浓度和出现频率等情况对环境中可能存在的众多污染物质进行分级排序，从中筛选出潜在危害较大、出现频率较高的污染物质作为监测和控制的重点对象。在这一筛选过程中被优先选择为监测对象的污染物称为环境优先污染物，简称优先污染物（Priority Pollutants）。针对优先污染物进行的环境监测称为环境优先监测。

从世界范围看，美国是最早开展环境优先监测的国家。美国在 20 世纪 70 年代颁布的《清洁水法案》中就明确规定了 129 种优先污染物，其后又增加了 43 种空气优先污染物。欧盟早在 1975 年就在名为《关于水质的排放标准》的技术报告中列出了环境污染物的"黑名单"和"灰名单"。

早期监测和控制的优先污染物主要是一些在环境中浓度高、毒性大的无机污染物，如重金属等，其危害多表现为急性毒性的形式，容易获得监测数据。而有机污染物由于其种类较多、含量较低且分析检测技术水平有限，所以一般用综合性指标，如 COD、BOD、

TOC 等来反映。随着人类社会和科学技术的不断发展，人们逐渐认识到一些浓度极低的有机污染物在环境和生物体内长期累积，也会对人类健康和环境造成极大的危害。这些含量极低（一般为痕量）的有毒有机物的存在对 COD、BOD、TOC 等综合指标影响甚小，但其对人体健康和环境的危害很大。这类污染物也逐渐被列为优先污染物进行监测和控制。

环境优先污染物一般都具有以下特点：潜在危害大（毒性大），影响范围广，难以降解，浓度已接近或超过规定的浓度标准或其浓度呈大幅上升趋势，目前已有可靠的分析检测方法。

第三节　环境监测网络与环境自动监测

一、环境监测网络

环境监测工作是综合性科学技术工作与执法管理工作的有机结合体。环境监测网络既具有收集、传输质量信息的功能，又具有组织管理功能。目前，国内外建立的环境监测网络主要有两种类型。一种是要素型，即按不同环境要素来建立监测网络，如美国国家环保局的环境监测网络。美国国家环保局设有三个国家级监测实验室（大气监测研究中心，水质监测研究中心，噪声、放射性、固体废弃物及新技术研究中心），分别负责全国各环境要素的监测技术、数据收集处理工作。另一种是管理型，即按行政管理体系来建立监测网络。该类型中监测站按行政层次设立，测点由地方环保部门控制。

我国各级环境监测站基本监测工作能力见表 1-1。监测站的基本监测能力主要以能否开展现行的《空气和废气监测分析方法》《水和废水监测分析方法》《环境监测技术规范（噪声部分）》等各种监测技术规范中列举的监测项目来衡量。原则上一、二级站（国家级、省级）必须具备各项目的监测分析能力，其中：大气和废气监测共 61 项；降水监测 12 项；水和废水监测 71 项；土壤底质固体废弃物监测 12 项；水生生物监测 3 大类；噪声、振动监测 6 项。三级站（市级）应尽可能全面具备各项目的监测能力。四级站（县级）监测以表 1-1 中画"_____"标记的为必监测项目外，应根据当地污染特点尽可能增加相应的监测项目。

表 1-1　环境监测站基本监测能力一览表

类别	监测项目
大气和废气监测（共61项）	一氧化碳、氮氧化物、二氧化氮、氨、氰化物、总氧化剂、光化学氧化剂、臭氧、氟化物、五氧化二磷、二氧化硫、硫酸盐化速率、硫酸雾、硫化氢、二硫化碳、氯气、氯化氢、铬酸、雾、汞、总烃及非甲烷烃、芳香烃（苯系物）、苯乙烯、苯并[a]芘、甲醇、甲醛、低分子量醛、丙烯醛、丙酮、光气、沥青烟、酚类化合物、硝基苯、苯胺、吡啶、丙烯腈、氯乙烯、氯丁二烯、环氧氯丙烷、甲基对硫磷、敌百虫、异氰酸甲酯、肼和偏二甲基肼、TSP、PM10、降尘、铍、铬、铁、硒、锑、铅、铜、锌、锰、镍、镉、砷、烟尘及工业粉尘、林格曼黑度
降水监测（共12项）	电导率、pH值、硫酸根、亚硝酸根、硝酸根、氯化物、氟化物、铵、钾、钠、钙、镁
水和废水监测（共71项）	水温、水流量、颜色、臭、浊度、透明度、pH值、残渣、矿化度、电导率、氧化还原电位、银、砷、铍、镉、铬、铜、汞、铁、锰、镍、铅、锑、硒、钴、铀、锌、钾、钠、钙、镁、总硬度、酸度、碱度、二氧化碳、溶解氧、氨氮、亚硝酸盐氮、硝酸盐氮、凯氏氮、总氮、磷、氯化物、碘化物、氰化物、硫酸盐、硫化物、硼、二氧化硅（可溶性）、余氯、化学需氧量、高锰酸钾指数、五日生化需氧量、总有机碳、矿物油、苯系物、多环芳烃、苯并[a]芘、挥发性卤代烃、氯苯类化合物、六六六、滴滴涕、有机磷农药、有机磷、挥发性酚类、甲醛、三氯乙醛、苯胺类、硝基苯类、阴离子合成洗涤剂
土壤底质固体废弃物监测（共12项）	总汞、砷、铬、铜、锌、镍、铅、锰、镉、硫化物、有机氯农药、有机质
水生生物监测（共3类）	水生生物群落、水的细菌学测定、水生生物毒性测定
噪声、振动监测（共6项）	区域环境噪声、交通噪声、噪声源、厂界噪声、建筑工地噪声、振动

二、环境自动监测

要达到控制污染、保护环境的目的，必须掌握环境质量变化，进行定点、定时的人工采样与监测，月复一月、年复一年地积累各类监测数据，然后通过综合分析找出污染现状和变化规律。完成这项工作需要花费大量的人力、物力和财力。20世纪70年代初，世界上许多国家和地区相继建立了可连续工作的大气和水质污染自动监测系统，使环境监测工作向连续自动化方向发展。

环境自动监测系统24h连续自动地在线工作，在正常运行时一般不需要人员参与，所有的监测活动（包括采样、检测、数据采集处理、数据显示、数据打印、数据贮存等），都是在电脑的自动控制下完成的。

子站的主要工作任务包括通过电脑按预定的监测时间、监测项目进行定时定点样品采集、仪器分析检测、检测数据处理、定时向中心监测站传送检测数据等。

监测中心站的主要工作任务包括收集各子站的监测数据、数据处理、统计检验结果、打印污染指标统计表、绘制污染分布图、公布污染指数、发出污染警报等。

三、我国环境监测网络

我国的环境监测网络在最初的管理型监测网络（按行政管理体系建立）的基础上逐步建立和完善了以环境要素为基础的跨部门、跨行政区的要素型监测网络，如三峡工程生态与环境监测信息管理中心、东亚酸沉降监测网中国网、国家海洋环境监测中心等。早在20世纪90年代初，我国就建立了国家环境质量监测网（简称国控网），形成了国家、省、市、县四级环境监测网络。自1998年起，设立了国家环境监测网络专项资金，用于环境监测能力和监测信息传输能力等方面的建设。目前，我国已建成覆盖全国的自动化、标准化的环境质量监测网络，涵盖了城市空气质量自动监测系统、地表水质自动监测系统、污染源自动监测系统、近岸海域自动监测系统、生态监测系统等。

第四节　环境标准

一、我国环境标准体系

我国的环境标准体系由国家环境保护标准、地方环境保护标准和国家环境保护行业标准三部分组成。我国环境标准体系构成如图1-1所示。

二、国家环境保护标准

国家环境保护标准包括国家环境质量标准、国家污染物排放标准、国家环境监测方法标准、国家环境标准样品标准、国家环境基础标准和国家环保仪器设备标准六大类。

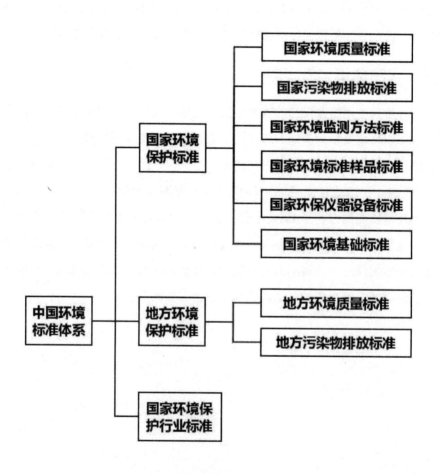

图1-1　我国环境标准体系构成

国家环境质量标准是指在一定的时间和空间范围内，为保护人群健康、维护生态平衡、保障社会物质财富，国家在考虑技术、经济条件的基础上，对环境中的有害物质或因素的允许含量所做的限制性规定。它是国家环境政策目标的具体体现，是制定污染物排放标准的依据，也是衡量环境质量的标尺。这类标准一般按照环境要素和污染要素划分，如大气质量标准、水质量标准、环境噪声标准以及土壤、生态质量标准等。

国家污染物排放标准是国家为实现环境质量标准目标，结合技术经济条件和环境特点，对排入环境的污染物或有害因素所做的限制性规定。它是实现环境质量标准的重要保证，也是对污染排放进行强制性控制的重要手段。

国家环境监测方法标准是国家为保证环境监测工作质量而对采样、样品处理、分析测试、数据处理等做出的统一规定。此类标准一般包含采样方法标准和分析测定方法标准。

国家环境标准样品标准是国家为保证环境监测数据的准确、可靠而对用来标定分析仪器、验证分析方法、评价分析人员技术和进行量值传递或质量控制的材料或物质所做的统一规定。

国家环境基础标准是指在环境保护工作范围内，对有指导意义的符号、代号、图形、量纲、指南、导则等由国家所做的统一规定。它在环境标准体系中处于指导地位，是制定其他标准的基础。

除上述环境标准外，国家对环境保护工作中其他需要统一的方面也制定了相应的标准，如环保仪器设备标准等。目前，我国的环境基础标准、环境监测方法标准和环境标准样品标准，已基本与国际通用的相关标准接轨。环境质量标准和污染物排放标准受具体国情和环境特点及技术条件的制约，一般不采用国际标准。

三、地方环境保护标准

我国国土面积大，不同地区的自然条件、环境状况、产业分布和主要污染因子等情况存在较大差异，有时国家环境保护标准很难覆盖和适应全国各地的情况。地方环境保护标准是由省（自治区、直辖市）人民政府根据地方特点或针对国家标准中未做规定的项目制定的环境保护标准，是对国家环境保护标准的有效补充和完善。对国家标准中未做规定的项目，可以制定地方环境质量标准；对国家标准中已做规定的项目，可以制定严于国家标准的相应地方标准。地方环境标准可在本省（自治区、直辖市）所辖地区内执行。地方环境保护标准包括地方环境质量标准和地方污染物排放标准。环境基础标准、环境标准样品标准和环境监测方法标准不制定地方标准。在标准执行时，地方环境保护标准优先于国家环境保护标准。近年来，随着环境保护形势的日趋严峻，一些地方已将总量控制指标纳入地方环境保护标准。

四、国家环境保护行业标准

由于各类行业的生产情况不同，其产生和排放的污染物的种类、强度和方式各不相同，有些行业之间差异很大。因此，针对不同的行业须制定相应的环境保护标准才能与各行业的具体情况相适应。国家环境保护行业标准由国家环境保护行政主管部门针对不同行业的具体情况制定，在全国范围内执行。在环境保护领域，主要围绕污染物排放来制定行业标准。污染物排放标准分为综合排放标准和行业排放标准。行业排放标准是针对特定行业的生产工艺、排污状况以及污染控制技术评估和成本分析，并参考国外相关法规和典型污染达标案例等综合情况而制定的污染物排放控制标准。例如，中华人民共和国生态环境部（原环保总局）根据我国大气污染物排放的特点，确定锅炉、水泥厂、火电厂、炼焦炉、工业炉窑（含黑色冶金、有色冶金、建材）等为重点排放设备或行业，并单独为其制定排放标准。行业排放标准是根据本行业的污染状况制定的，因而具有更好的适应性和可操作性。综合排放标准与行业排放标准不交叉执行，在有行业排放标准的情况下优先执行行业排放标准。

第二章 水和废水监测

第一节 水质监测方案的制订

一、地表水监测方案的制订

（一）基础资料的调查和收集

在制订监测方案之前，应尽可能完备地收集欲监测水体及所在区域的有关资料，主要有以下几方面。

1. 水体的水文、气候、地质和地貌资料。如水位、水量、流速及流向的变化；降雨量、蒸发量及历史上的水情；河流的宽度、深度、河床结构及地质状况；湖泊沉积物的特性、间温层分布、等深线等。

2. 水体沿岸城市分布、工业布局、污染源及其排污情况、城市给排水情况等。

3. 水体沿岸的资源现状和水资源的用途；饮用水源分布和重点水源保护区；水体流域土地功能及近期使用计划等。

4. 历年的水质监测资料等。

（二）监测断面和采样点的设置

监测断面即为采样断面，一般分为四种类型，即背景断面、对照断面、控制断面和消减断面。对于地表水的监测来说，并非所有的水体都必须设置四种断面。中华人民共和国环境保护行业标准《水质采样方案设计技术规定》（HJ 495-2009）中规定了水（包括底部沉积物和污泥）的质量控制、质量表征、污染物鉴别及采样方案的原则，强调了采样方案的设计。

采样点的设置应在调查研究、收集有关资料、进行理论计算的基础上，根据监测目的和项目以及考虑人力、物力等因素来确定。

1. 河流监测断面和采样点设置

对于江、河水系或某一个河段，水系的两岸必定遍布很多城市和工厂企业，由此排放

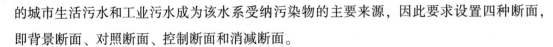

的城市生活污水和工业污水成为该水系受纳污染物的主要来源，因此要求设置四种断面，即背景断面、对照断面、控制断面和消减断面。

（1）对照断面

具有判断水体污染程度的参比和对照作用或提供本底值的断面。它是为了解流入监测河段前的水体水质状况而设置的。这种断面应设在河流进入城市或工业区以前的地方。设置这种断面必须避开各种污水的排污口或回流处。常设在所有污染源上游处，排污口上游100~500m处，一般一个河段只设一个对照断面（有主要支流时可酌情增加）。

（2）控制断面

为及时掌握受污染水体的现状和变化动态，进而进行污染控制而设置的断面。这类断面应设在排污区下游，较大支流汇入前的河口处；湖泊或水库的出入河口及重要河流入海口处；国际河流出入国境交界处及有特殊要求的其他河段（如临近城市饮水水源地、水产资源丰富区、自然保护区、与水源有关的地方病发病区等）。控制断面一般设在排污口下游500~1000m处。断面数目应根据城市工业布局和排污口分布情况而定。

（3）消减断面

当工业污水或生活污水在水体内流经一定距离而达到（河段范围）最大限度混合时，其污染状况明显减缓的断面。这种断面常设在城市或工业区最后一个排污口下游1 500m以外的河段上。

（4）背景断面

当对一个完整水体进行污染监测或评价时，需要设置背景断面。对于一条河流的局部河段来说，通常只设对照断面而不设背景断面。背景断面一般设置在河流上游不受污染的河段处或接近河流源头处，尽可能远离工业区、城市居民密集区和主要交通线以及农药和化肥施用区。对背景断面的水质进行监测，可获得该河流水质的背景值。

在设置监测断面后，应先根据水面宽度确定断面上的采样垂线，然后再根据采样垂线的深度确定采样点的数目和位置。一般是当河面水宽小于50m时，设一条中泓垂线；当河面水宽为50~100m时，在左右近岸有明显水流处各设一条垂线；当河面水宽为100~1000m时，设左、中、右三条垂线；河面水宽大于1 500m时，至少设5条等距离垂线。每一条垂线上，当水深小于或等于5m时只在水面下0.3~0.5m处设一个采样点；水深5~10m时，在水面下0.3~0.5m处和河底以上约0.5m处各设一个采样点；水深10~50m时，要设三个采样点，水面下0.3~0.5m处一点，河底以上约0.5m处一点，1/2水深处一点；水深超过50m时，应酌情增加采样点个数。

监测断面和采样点位置确定后，应立即设立标志物。每次采样时以标志物为准，在同一位置上采样，以保证样品的代表性。

2. 湖泊、水库中监测断面和采样点的设置

湖泊、水库监测断面设置前，应先判断湖泊、水库是单一水体还是复杂水体，考虑汇入湖、库的河流数量、水体径流量、季节变化及动态变化、沿岸污染源分布等，然后按以下原则设置监测断面。

（1）在进出湖、库的河流汇合处设监测断面。

（2）以功能区为中心（如城市和工厂的排污口、饮用水源、风景游览区、排灌站等），在其辐射线上设置弧形监测断面。

（3）在湖库中心，深、浅水区，滞流区，不同鱼类的洄游产卵区，水生生物经济区等设置监测断面。

湖、库采样点的位置与河流相同。但由于湖、库深度不同，会形成不同水温层，此时应先测量不同深度的水温、溶解氧等，确定水层情况后，再确定垂线上采样点的位置。位置确定后，同样需要设立标志物，以保证每次采样都在同一位置上。

（三）采样时间和频率的确定

为使采取的水样具有代表性，能反映水质在时间和空间上的变化规律，必须确定合理的采样时间和采样频率。一般原则如下：

1. 对较大水系干流和中、小河流，全年采样不少于 6 次，采样时间分为丰水期、枯水期和平水期，每期采样两次。

2. 流经城市、工矿企业、旅游区等的水源每年采样不少于 12 次。

3. 底泥在枯水期采样一次。

4. 背景断面每年采样一次。

二、地下水监测方案的制订

地球表面的淡水大部分是贮存在地面之下的地下水，所以地下水是极宝贵的淡水资源。地下水的主要水源是大气降水，降水转成径流后，其中一部分通过土壤和岩石的间隙而渗入地下形成地下水。严格地说，由重力形成的存在于地表之下饱和层的水体才是地下水。目前大多数地下水尚未受到严重污染，但一旦受污，又非常难以通过自然过程或人为手段予以消除。可供现成利用的地下水有井水、泉水等。

（一）基础资料的调查和收集

1. 收集、汇总监测区域的水文、地质、气象等方面的有关资料和以往的监测资料。例如，地质图、剖面图、测绘图、水井的成套参数、含水层、地下水补给、径流和流向，

以及温度、湿度、降水量等。

2. 调查监测区域内城市发展、工业分布、资源开发和土地利用情况，尤其是地下工程规模、应用等；了解化肥和农药的施用面积和施用量；查清污水灌溉、排污、纳污和地表水污染现状。

3. 测量或查知水位、水深，以确定采水器和泵的类型、所需费用和采样程序。

4. 在完成以上调查的基础上，确定主要污染源和污染物，并根据地区特点与地下水的主要类型把地下水分成若干个水文地质单元。

（二）采样点的设置

1. 地下水背景值采样点的确定。采样点应设在污染区外，如果需要查明污染状况，可贯穿含水层的整个饱和层，在垂直于地下水流方向的上方设置。

2. 受污染地下水采样点的确定。对于作为饮用水源的地下水，现有水井常被用作日常监测水质的现成采样点。当地下水受到污染需要研究其受污情况时，则常须设置新的采样点。例如，在与河道相邻近地区新建了一个占地面积不太大的垃圾堆场的情况下，为了监测垃圾中污染物随径流渗入地下，并被地下水挟带转入河流的状况，应设置地下水监测井。如果含水层渗透性较大，污染物会在此水区形成一个条状的污染带，那么监测井位置应处在污染带内。

一般地下水采样时应在液面下 0.3~0.5m 处采样，若有间温层，可按具体情况分层采样。

（三）采样时间和频率的确定

采样时间与频率一般是：每年应在丰水期和枯水期分别采样检验一次，10 天后再采检一次，可作为监测数据报出。

三、水污染源监测方案的制定

水污染源包括工业废水源、生活污水源、医院污水源等。在制订监测方案时，首先也要进行调查研究，收集有关资料，查清用水情况、污水的类型、主要污染物及排污去向和排放量等。

（一）基础资料的调查和收集

1. 调查污水的类型

工业废水、生活污水、医院污水的性质和组成十分复杂，它们是造成水体污染的主要原因。根据监测的任务，首先需要了解污染源所产生的污水类型。工业废水、生活污水、医院污水等所生成的污染物具有较大的差别。相对而言，工业污水往往是我们监测的重点，这是由于工业用水不仅在数量上而且在污染物的浓度上都是比较大的。

工业废水可分为物理污染污水、化学污染污水、生物及生物化学污染污水三种主要类型以及混合污染污水。

2. 调查污水的排放量

对于工业废水，可通过对生产工艺的调查，计算出排放水量并确定需要监测的项目；对于生活污水和医院污水则可在排水口安装流量计或自动监测装置进行排放量的计算和统计。

3. 调查污水的排污去向

调查内容有：①车间、工厂、医院或地区的排污口数量和位置；②直接排入还是通过渠道排入江、河、湖、库、海中，是否有排放渗坑。

（二）采样点的设置

1. 工业废水源采样点的确定

（1）含汞、镉、总铬、砷、铅、苯并［a］芘等第一类污染物的污水，不分行业或排放方式，一律在车间或车间处理设施的排出口设置采样点。

（2）含酸、碱、悬浮物、生化需氧量、硫化物、氟化物等第二类污染物的污水，应在排污单位的污水出口处设采样点。

（3）有处理设施的工厂，应在处理设施的排放口设点。为对比处理效果，在处理设施的进水口也可设采样点，同时采样分析。

（4）在排污渠道上，选择顺直、水流稳定、上游无污水流入的地点设点采样。

（5）在排水管道或渠道中流动的污水，因为管道壁的滞留作用，使同一断面的不同部位流速和浓度都有变化。所以可在水面下 $\frac{1}{4} \sim \frac{1}{2}$ 处采样，作为代表平均浓度水样采集。

2. 综合排污口和排污渠道采样点的确定

（1）在一个城市的主要排污口或总排污口设点采样。

（2）在污水处理厂的污水进出口处设点采样。

（3）在污水泵站的进水和安全溢流口处布点采样。

（4）在市政排污管线的入水处布点采样。

（三）采样时间和频率的确定

工业废水的污染物含量和排放量常随工艺条件及开工率的不同而有很大差异，故采样时间、周期和频率的选择是一个比较复杂的问题。

一般情况下，可在一个生产周期内每隔 0.5h 或 1h 采样 1 次，将其混合后测定污染物的平均值。如果取几个生产周期（如 3~5 个周期）的污水样监测，可每隔 2h 取样 1 次。对于排污情况复杂、浓度变化大的污水，采样时间间隔要缩短，有时需要 5~10min 采样 1 次，这种情况最好使用连续自动采样装置。对于水质和水量变化比较稳定或排放规律性较好的污水，待找出污染物浓度在生产周期内的变化规律后，采样频率可大大降低，如每月采样测定 2 次。

城市排污管道大多数受纳 10 个以上工厂排放的污水，由于在管道内污水已进行了混合，故在管道出水口，可每隔 1h 采样 1 次，连续采集 8h；也可连续采集 24h，然后将其混合制成混合样，测定各污染组分的平均浓度。

我国《地表水和污水监测技术规范》中对向国家直接报送数据的污水排放源规定：工业废水每年采样监测 2~4 次；生活污水每年采样监测 2 次，春、夏季各 1 次；医院污水每年采样监测 4 次，每季度 1 次。

第二节　水样的采集保存和预处理

一、水样的采集

采样前，要根据监测项目、监测内容和采样方法的具体要求，选择适宜的盛水容器和采样器，并清洗干净。采样器具的材质化学性质要稳定，大小形状要适宜，不吸附待测组分，容易清洗，瓶口易密封。同时要确定总采样量（分析用量和备份用量），并准备好交通工具。

（一）采样设备

采集表层水样，可用桶、瓶等容器直接采集。目前我国已经生产出不同类型的水质监测采样器，如单层采水器、直立式采水器、深层采水器、连续自动定时采水器等，广泛用于废水和污水采样。

常用的简易采水器，是一个装在金属框内用绳吊起来的玻璃瓶或塑料瓶，框底装有重锤，瓶口有塞，用绳系牢，绳上标有高度。采样时，将采样瓶降至预定深度，将细绳上提打开瓶塞，水样即流入并充满采样瓶，然后用塞子塞住。

急流采水器适于采集地段流量大、水层深的水样。它是将一根长钢管固定在铁框上，钢管是空心的，管内装橡皮管，管上部的橡皮管用铁夹夹紧，下部的橡皮管与瓶塞上的短玻璃管相接，橡皮塞上另有一长玻璃管直通至样瓶底部。采集水样前，须将采样瓶的橡皮塞子塞紧，然后沿船身垂直方向伸入特定水深处，打开铁夹，水样即沿长玻璃管流入样瓶中。此种采水器是隔绝空气采样，可供溶解氧测定。

此外，还有各种深层采水器和自动采水器。

沉积物采样分表层沉积物采样和柱状沉积物采样。表层沉积物采样是用各种掘式和抓式采样器，用手动绞车或电动绞车进行采样；柱状沉积物采样是采用各种管状或筒状的采样器，利用自身重力或通过人工锤击，将管子压入沉积物中直至所需深度，然后将管子提取上来，用通条将管中的柱状沉积物样品压出。

（二）盛样容器

采集和盛装水样或底质样品的容器要求材质化学稳定性好，保证水样各组分在贮存期内不与容器发生反应，能够抵御环境温度从高温到严寒的变化，抗震，大小、形状和重量适宜，能严密封口并容易打开，容易清洗并可反复使用。常用材料有高压聚乙烯塑料（以P表示）、一般玻璃（G）和硬质玻璃或硼硅玻璃（BG）。不同监测项目水样容器应采用适当的材料。

水质监测，尤其是进行痕量组分测定时，常常因容器污染造成误差。为减少器壁溶出物对水样的污染和器壁吸附现象，须注意容器的洗涤方法。应先用水和洗涤剂洗净，用自来水冲洗后备用。常用洗涤法是用重铬酸钾－硫酸洗液浸泡，然后用自来水冲洗和蒸馏水荡洗；用于盛装重金属监测样品的容器，须用10%硝酸或盐酸浸泡数小时，再用自来水冲洗，最后用蒸馏水洗净。容器的洗涤还与监测对象有关，洗涤容器时要考虑监测对象。如测硫酸盐和铬时，容器不能用重铬酸钾－硫酸洗液；测磷酸盐时不能用含磷洗涤剂；测汞时容器洗净后尚须用1+3硝酸浸泡数小时。

（三）采样方法

1. 在河流、湖泊、水库及海洋采样应有专用监测船或采样船，如无条件也可用手划或机动的小船。如果位置合适，可在桥或坎上采样。较浅的河流和近岸水浅的采样点可以涉水采样。采样容器口应迎着水流方向，采样后立即加盖塞紧，避免接触空气，并避光保存。深层水的采集，可用抽吸泵采样，利用船等行驶至特定采样点，将采水管沉降至规定的深度，用泵抽取水样即可。采集底层水样时，切勿搅动沉积层。

2. 采集自来水或从机井采样时，应先放水数分钟，使积留在水管中的杂质及陈旧水排出后再取样。采样器和塞子须用采集水样洗涤 3 次。对于自喷泉水，在涌水口处直接采样。

3. 从浅埋排水管、沟道中采集废（污）水，用采样容器直接采集。对埋层较深的排水管、沟道，可用深层采水器或固定在负重架内的采样容器，沉入检测井内采样。

4. 采用自动采水器可自动采集瞬时水样和混合水样。当废（污）水排放量和水质较稳定时，可采集瞬时水样；当排放量较稳定，水质不稳定时，可采集不同时间的等比例对应的流量等比例；当二者都不稳定时，必须采集流量等比例水样。

（四）水样采集量和现场记录

水样采集量根据监测项目确定，不同的监测项目对水样的用量和保存条件有不同的要求，所以采样量必须按照各个监测项目的实际情况分别计算，再适当增加 20%~30%。底质采样量通常为 1~2kg。

采样完成并加好保存剂后，要贴上样品标签或在水样说明书上做好详细记录，记录内容包括采样现场描述与现场测定项目两部分。采样现场描述的内容包括样品名称、编号、采样断面、采样点、添加保存剂种类和数量、监测项目、采样者、登记者、采样日期和时间、气象参数（气温、气压、风向、风速，相对湿度）、流速、流量等。水样采集后，对有条件进行现场监测的项目进行现场监测和描述，如水温、色度、臭味、pH 值、电导率、溶解氧、透明度、氧化还原电位等，以防发生变化。

二、流量的测量

为了计算水体污染负荷是否超过环境容量，控制污染源排放量和评价污染控制效果等，需要了解相应水体的流量。因此在采集水样的同时，还需要测量水体的水位（m）、流速（m/s）、流量（m^3/s）等水文参数。河流流量测量和工业废水、污水排放过程中的流量测量方法基本相同，主要有流速仪法、浮标法、容积法、溢流堰法等。对于较大的河流，水利部门通常都设有水文测量断面，应尽可能利用这些断面。若监测河段无水文测量断面，应选择水文参数比较稳定、流量有代表性的断面作为测量断面。

（一）流速仪法

使用流速仪可直接测量河流或废（污）水的流量。流速仪法通过测量河流或排污渠道的过水截面积，以流速仪测量水流速，从而计算水流量。流速仪法测量范围较宽，多数用于较宽的河流或渠道的流量测量。测量时需要根据河流或渠道深度和宽度确定垂直测点数和水平测点数。流速仪有多种规格，常用的有旋杯式和旋桨式两种，测量时将仪器放到规定的水深处，按照仪器说明书要求操作。

（二）浮标法

浮标法是一种粗略测量小型河、渠中水流速的简易方法。测量时选取一平直河段，测量该河段 2m 间距内起点、中点和终点 3 个过水横断面面积，求出其平均横断面面积。在上游河段投入浮标（如木棒、泡沫塑料、小塑料瓶等），测量浮标流经确定河段（L）所需要的时间，重复测量多次，求出所需时间的平均值（t），即可计算出流速（L/t），进而可按下式计算流量：

$$Q = K \times \bar{v} \times S \qquad\qquad (2\text{-}1)$$

式中：Q——水流量，m^3/s；

$\bar{v}$——浮标平均流速，m/s，等于 L/t；

s——过水横断面面积，m^2；

K——浮标系数，与空气阻力、断面上流速分布的均匀性有关，一般须用流速仪对照标定，其范围为 0.84~0.90。

（三）容积法

容积法是将污水接入已知容量的容器中，测定其充满容器所需时间，从而计算污水流量的方法。本法简单易行，测量精度较高，适用于污水量较小的连续或间歇排放的污水。但溢流口与受纳水体应有适当落差或能用导水管形成落差。

（四）溢流堰法

溢流堰法适用于不规则的污水沟、污水渠中水流量的测量。该法是用三角形或矩形、梯形堰板拦住水流，形成溢流堰，测量堰板前后水头和水位，计算流量。图 2-1 为用三角堰法测量流量的示意图，流量计算公式如下：

$$Q = Kh^{5/2}$$

$$K = 1.354 + \frac{0.04}{h} + \left(0.14 + \frac{0.2}{\sqrt{D}}\right)\left(\frac{h}{B} - 0.09\right)^2 \qquad (2\text{-}2)$$

式中：Q——水流量，m^3/s。

h——过堰水头高度，m。

K——流量系数。

D——从水流底至堰缘的高度，m。

B——堰上游水流高度，m。

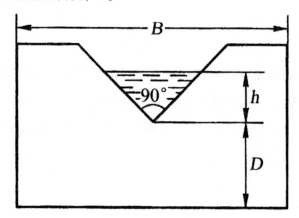

图 2-1　直角三角堰

在下述条件下，上式误差<±1.4%。

$$0.5m \leqslant B \leqslant 1.2m$$

$$0.1m \leqslant D \leqslant 0.75m$$

$$0.07m \leqslant h \leqslant 0.26m$$

$$h \leqslant \frac{B}{3}$$

三、水样的运输与保存

（一）样品的运输

水样采集后，应尽快送到实验室分析测定。通常情况下，水样运输时间不应超过 24h。在运输过程中应注意：装箱前应将水样容器内外盖盖紧，对盛水样的玻璃磨口瓶应用聚乙烯薄膜覆盖瓶口，并用细绳将瓶塞与瓶颈系紧；装箱时用泡沫塑料或波纹纸板垫底和间隔防震；须冷藏的样品，应采取制冷保存措施；冬季应采取保温措施，以免冻裂样品瓶。

（二）样品的保存

水样在存放过程中，可能会发生一系列理化性质的变化。生物的代谢活动，会使水样的 pH 值、溶解氧、生化需氧量、二氧化碳、碱度、硬度、磷酸盐、硫酸盐、硝酸盐和某些有机化合物的浓度发生变化；由于化学作用，测定组分可能被氧化或还原。如六价铬在酸性条件下易被还原为三价铬，余氯可能被还原变为氯化物，硫化物、亚硫酸盐、亚铁、碘化物和氰化物可能因氧化而损失；由于物理作用，测定组分会被吸附在容器壁上或悬浮颗粒物的表面上，如金属离子可能与玻璃器壁发生吸附和离子交换，溶解的气体可能损失或增加，某些有机化合物易挥发损失等。为了避免或减少水样的组分在存放过程中的变化和损失，部分项目要在现场测定。不能尽快分析时，应根据不同监测项目的要求，放在性能稳定的材料制成的容器中，采取适宜的保存措施。

为了减缓水样在存放过程中的生物作用、化合物的水解和氧化还原作用及挥发和吸附作用，需要对水样采取适宜的保存措施。包括：①选择适当材料的容器；②控制溶液的pH值；③加入化学试剂抑制氧化还原反应和生化反应；④冷藏或冷冻以降低细菌活性和化学反应速率。

四、水样的预处理

环境水样所含组分复杂，多数待测组分的浓度低，存在形态各异，且样品中存在大量干扰物质，因此在分析测定之前，需要进行样品的预处理，以得到待测组分适合于分析方法要求的形态和浓度，并与干扰性物质最大限度地分离。水样的预处理主要指水样的消解、微量组分的富集与分离。

（一）水样的消解

当对含有机物的水样中的无机元素进行测定时，需要对水样进行消解处理。消解处理的目的是破坏有机物、溶解颗粒物，并将各种价态的待测元素氧化成单一高价态或转变成易于分离的无机化合物。消解主要有湿式消解法和干灰化法两种。消解后的水样应清澈、透明、无沉淀。

1. 湿式消解法

（1）硝酸消解法

对于较清洁的水样，可用此法。具体方法是：取混匀的水样50~200mL于锥形瓶中，加入5~10mL浓硝酸，在电热板上加热煮沸，缓慢蒸发至小体积，试液应清澈透明，呈浅色或无色，否则，应补加少许硝酸继续消解。蒸至近干时，取下锥形瓶，稍冷却后加2%HNO_3（或HCl）20mL，温热溶解可溶盐。若有沉淀，应过滤，滤液冷却至室温后于50mL容量瓶中定容，备用。

（2）硝酸-硫酸消解法

这两种酸都是强氧化性酸，其中硝酸沸点低（83℃），而浓硫酸沸点高（338℃），两者联合使用，可大大提高消解温度和消解效果，应用广泛。常用的硝酸与硫酸的比例为5:2。消解时，先将硝酸加入水样中，加热蒸发至小体积，稍冷，再加入硫酸，继续加热蒸发至冒大量白烟，冷却后加适量水温热溶解可溶盐。若有沉淀，应过滤，滤液冷却至室温后定容，备用。为提高消解效果，常加入少量过氧化氢。该法不适用于含易生成难溶硫酸盐组分（如铅、钡、锶等元素）的水样。

（3）硝酸-高氯酸消解法

这两种酸都是强氧化性酸，联合使用可消解含难氧化有机物的水样。方法要点是：取适量水样于锥形瓶中，加 5~10mL 硝酸，在电热板上加热，消解至大部分有机物被分解。取下锥形瓶，稍冷却，再加 2~5mL 高氯酸，继续加热至开始冒白烟，如试液呈深色再补加硝酸，继续加热至冒浓厚白烟将尽，取下锥形瓶，冷却后加 2% HNO_3 溶解可溶盐。若有沉淀，应过滤，滤液冷却至室温后定容备用。因为高氯酸能与羟基化合物反应生成不稳定的高氯酸酯，有发生爆炸的危险，所以应先加入硝酸氧化水样中的羟基有机物，稍冷后再加高氯酸处理。

（4）硫酸-磷酸消解法

硫酸和磷酸的沸点都比较高，其中，硫酸氧化性较强，磷酸能与一些金属离子如 Fe^{3+} 等络合，两者结合消解水样，有利于测定时消除 Fe^{3+} 等离子的干扰。

（5）硫酸-高锰酸钾消解法

该方法常用于消解测定汞的水样。高锰酸钾是强氧化剂，在中性、碱性、酸性条件下都可以氧化有机物，其氧化产物多为草酸根，但在酸性介质中还可继续氧化。消解要点是：取适量水样，加适量硫酸和 5% 高锰酸钾溶液，混匀后加热煮沸，冷却，滴加盐酸羟胺破坏过量的高锰酸钾。

（6）多元消解法

为提高消解效果，在某些情况下需要通过多种酸的配合使用，特别是在要求测定大量元素的复杂介质体系中。例如，处理测定总铬废水时，需要使用硫酸、磷酸和高锰酸钾消解体系。

（7）碱分解法

当酸消解法会造成某些元素挥发或损失时，可采用碱分解法。即在水样中加入氢氧化钠和过氧化氢溶液，或者氨水和过氧化氢溶液，加热沸腾至近干，稍冷却后加入水或稀碱溶液温热溶解可溶盐。

（8）微波消解法

此方法主要是利用微波加热的工作原理，对水样进行激烈搅拌、充分混合和加热，能够有效提高分解速度，缩短消解时间，提高消解效率。同时，避免了待测元素的损失和可能造成的污染。

2. 干灰化法

干灰化法又称高温分解法。具体方法是：取适量水样于白瓷或石英蒸发皿中，于水浴上先蒸干，固体样品可直接放入坩埚中，然后将蒸发皿或坩埚移入马弗炉内，于450~550℃灼烧至残渣呈灰白色，使有机物完全分解去除。取出蒸发皿，稍冷却后，用适量2% HNO_3（或HCl）溶解样品灰分，过滤后滤液经定容后供分析测定。本方法不适用于处理测定易挥发组分（如砷、汞、镉、硒、锡等）的水样。

（二）水样的富集与分离

水质监测中，待测物的含量往往极低，大多处于痕量水平，常低于分析方法的检出下限，并有大量共存物质存在，干扰因素多，所以在测定前须进行水样中待测组分的分离与富集，以排除分析过程中的干扰，提高测定的准确性和重现性。富集和分离过程往往是同时进行的，常用的方法有过滤、挥发、蒸发、蒸馏、溶剂萃取、沉淀、吸附、离子交换、冷冻浓缩、层析等，比较先进的技术有固相萃取、微波萃取、超临界流体萃取等，应根据具体情况选择使用。

1. 挥发、蒸发和蒸馏

挥发、蒸发和蒸馏主要是利用共存组分的挥发性不同（沸点的差异）进行分离。

（1）挥发

此方法是利用某些污染组分挥发度大，或者将欲测组分转变成易挥发物质，然后用惰性气体带出而达到分离的目的。例如，汞是唯一在常温下具有显著蒸气压的金属元素，用冷原子荧光法测定水样中的汞时，先将汞离子用氯化亚锡还原为原子态汞，通入惰性气体将其带出并送入仪器测定。

（2）蒸发

蒸发一般是利用水的挥发性，将水样在水浴、油浴或沙浴上加热，使水分缓慢蒸出，而待测组分得以浓缩。该法简单易行，无须化学处理，但存在缓慢、易吸附损失的缺点。

（3）蒸馏

蒸馏分离是利用各组分的沸点及其蒸气压大小的不同实现分离的方法，分为常压蒸馏、减压蒸馏、水蒸气蒸馏、分馏法等。加热时，较易挥发的组分富集在蒸气相，通过对蒸气相进行冷凝或吸收，使挥发性组分在馏出液或吸收液中得到富集。

2. 液-液萃取法

液-液萃取也叫溶剂萃取，是基于物质在互不相溶的两种溶剂中分配系数不同，从而达到组分的富集与分离。具体分为以下两类。

（1）有机物的萃取

分散在水相中的有机物易被有机溶剂萃取，利用此原理可以富集分散在水样中的有机污染物。常用的有机溶剂有三氯甲烷、四氯甲烷、正己烷等。

（2）无机物的萃取

多数无机物质在水相中均以水合离子状态存在，无法用有机溶剂直接萃取。为实现用有机溶剂萃取，通过加入一种试剂，使其与水相中的离子态组分相结合，生成一种不带电、易溶于有机溶剂的物质。根据生成可萃取物类型的不同，可分为螯合物萃取体系、离子缔合物萃取体系、三元络合物萃取体系和协同萃取体系等。在环境监测中常用的是螯合物萃取体系，利用金属离子与螯合剂形成疏水性的整合物后被萃取到有机相，主要应用于金属阳离子的萃取。

3. 沉淀分离法

沉淀分离法是基于溶度积原理，利用沉淀反应进行分离。在待分离试液中，加入适当的沉淀剂，在一定条件下，使欲测组分沉淀出来，或者将干扰组分析出沉淀，以达到组分分离的目的。

4. 吸附法

吸附法是利用多孔性的固体吸附剂将水中的一种或多种组分吸附于表面，以达到组分分离的目的。常用的吸附剂主要有活性炭、硅胶、氧化铝、分子筛、大孔树脂等。被吸附富集于吸附剂表面的组分可用有机溶剂或加热等方式解析出来，进行分析测定。

5. 离子交换法

离子交换法是利用离子交换剂与溶液中的离子发生交换反应进行分离的方法。离子交换剂分为无机离子交换剂和有机离子交换剂。目前广泛应用的是有机离子交换剂，即离子交换树脂。通过树脂与试液中的离子发生交换反应，再用适当的淋洗液将已交换在树脂上的待测离子洗脱，以达到分离和富集的目的。该法既可以富集水中的痕量无机物，又可以富集痕量有机物，分离效率高。

第三节　金属污染物

一、原子吸收分光光度法测定多种金属

原子吸收分光光度法是利用某元素的基态原子对该元素的特征谱线具有选择性吸收的特性来进行定量分析的方法。按照使被测元素原子化的方式可分为火焰法、无火焰法和冷原子法三种形式。最常用的是火焰原子吸收分光光度法，其分析示意图如图2-2所示。

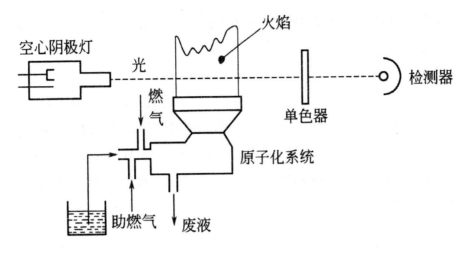

图 2-2 火焰原子吸收分光光度法示意图

压缩空气通过文丘里管把试液吸入原子化系统，试液被撞击为细小的雾滴随气流进入火焰。试样中各元素化合物在高温火焰中气化并解离成基态原子，这一过程称为原子化过程。此时，让从空心阴极灯发出的具有特征波长的光通过火焰，该特征光的能量相当于待测元素原子由基态提高到激发态所需的能量。因而被基态原子吸收，使光的强度发生变化，这一变化经过光电变换系统放大后在计算机上显示出来。被吸收光的强度与蒸气中基态原子浓度的关系在一定范围内符合比耳定律，因此，可以根据吸光度的大小，在相同条件下制作的标准曲线上求得被测元素的含量。

在无火焰原子吸收分光光度法中，元素的原子化是在高温的石墨管中实现的。石墨管同轴地放置在仪器的光路中，用电加热使其达到近 3000℃ 温度，使置于管中的试样原子化并同时测得原子化期间的吸光度值。此法具有比火焰原子吸收法更高的灵敏度。

冷原子吸收分光光度法仅适用于常温下能以气态原子状态存在的元素，实际上只能用来测定汞蒸气，可以说是一种测汞专用的方法。

二、汞

汞及其化合物属于极毒物质。天然水中含汞极少，一般不超过 0.1μg/L。工业废水中汞的最高允许排放浓度为 0.05mg/L。汞的测定方法有冷原子吸收法、冷原子荧光法、双硫腙分光光度法等。

(一) 冷原子吸收法

汞是常温下唯一的液态金属，具有较高的蒸气压（20℃ 时汞的蒸气压为 0.173Pa，在 25℃ 时以 1L/min 流量的空气流经 10cm^2 的汞表面，每 1m^3 空气中含汞约为 30mg），而且汞在空气中不易被氧化，以气态原子存在。由于汞具有上述特性，可以直接用原子吸收法在常温下测定汞，故称为冷原子吸收法。采用此法，由于可以省去原子化装置，使仪器结构简化。测定时干扰因素少，方法检出限为 0.05μg/L。冷原子吸收法测汞的专用仪器为测汞仪，光源为低压汞灯，发出汞的特征吸收波长 253.7nm 的光。

汞在污染水体中的部分以有机汞，如甲基汞和二甲基汞形式存在，测总汞时须将有机物破坏，使之分解，并使汞转变为汞离子。一般用强氧化剂加以消解处理。浓硫酸-高锰酸钾可以氧化有机汞的化合物，将其中的汞转变成汞离子，然后用适当的还原剂（如氯化亚锡）将汞离子还原为汞。利用汞的强挥发性，以氮气或干燥清洁的空气作为载气，将汞吹出，导入测汞仪进行原子吸收测定。

（二）冷原子荧光法

荧光是一种光致发光的现象。当低压汞灯发出的 253.7nm 的紫外线照射基态汞原子时，汞原子由基态跃迁至激发态，随即又从激发态回至基态，伴随以发射光的形式释放这部分能量，这样发射的光即为荧光。通过测量荧光强度求得汞的浓度。在较低浓度范围内，荧光强度与汞浓度成正比。冷原子荧光测汞仪与冷原子吸收测汞仪的不同之处是光电倍增管处在与光源垂直的位置上检测光强，以避免来自光源的干扰。冷原子荧光法具有更高的灵敏度，其方法检测限为 1.5ng/L。

三、砷

砷的污染主要来自含砷农药、冶炼、制革、染料化工等工业废水。环境中的砷以砷（Ⅲ）和砷（Ⅴ）两种价态化合物存在。砷化物均有毒性，三价砷比五价砷毒性更大。地面水环境质量标准规定砷的含量为 0.05~0.1mg/L，工业废水的最高允许排放浓度为 0.5mg/L。

砷的测定方法可采用分光光度法、原子吸收法和原子荧光法。不管采用何种方法，水样均要进行相似的前处理。除非是清洁水样，对于污染水样，首先用酸消解，然后用还原剂使砷以砷化氢气体从水样中分离出来。

（一）二乙基二硫代氨基甲酸银光度法

水样经前处理，以碘化钾和氯化亚锡使五价砷还原为三价砷，加入无砷锌粒，锌与酸产生的新生态氢使三价砷还原成气态砷化氢。用二乙基二硫代氨基甲酸银（AgDDTC）的吡啶溶液吸收分离出来的砷化氢，吸收的砷化氢将银盐还原为单质银，这种单质银是颗粒极细的胶态银，分散在溶剂中呈棕红色，借此作为光度法测定砷的依据。显色反应为：

$$AsH_3 + 6AgDDTC \rightarrow 6Ag + 3HDDTC + As(DDTC)_3$$

吡啶在体系中有两种作用：As（DDTC）₃为水不溶性化合物，吡啶既作为溶剂，又能与显色反应中生成的游离酸结合成盐，有利于显色反应进行得更完全。但是，由于吡啶易挥发，其气味难闻，后来改用 AgDDTC-三乙醇胺-氯仿作为吸收显色体系。在此，三乙醇胺作为有机碱与游离酸结合成盐，氯仿作为有机溶剂。本法选择在波长 510nm 下测定吸光度。取 50mL 水样，最低检出浓度为 7μg/L。

（二）新银盐光度法

硼氢化钾（或硼氢化钠）在酸性溶液中，产生新生态的氢，将水中的无机砷还原成砷化氢气体。以硝酸-硝酸银-聚乙烯醇-乙醇为吸收液，砷化氢将吸收液中的银离子还原成单质胶态银，使溶液呈黄色，颜色强度与生成氢化物的量成正比。黄色溶液在 400nm 处有最大吸收。颜色在 2h 内无明显变化（20℃以下）。化学反应如下：

$$BH_4^- + FH + 3H_2O \rightarrow 8[H] + H_3BO_3$$

$$As^{3+} + 3[H] \rightarrow AsH_3 \uparrow$$

$$6\,Ag^+ + ASH_3 + 3H_2O \rightarrow 6Ag + H_3AsO_3 + 6H^+$$

聚乙烯醇在体系中的作用是作为分散剂，使胶体银保持分散状态。乙醇作为溶剂。此法测定的精密度高，根据四个地区不同实验室测定，相对标准偏差为 1.9%，平均加标回收率为 98%。此法反应时间只需几分钟，而 AgDDC 法则需 1h 左右。此法对砷的测定具有较好的选择性，但在反应中能生成与砷化氢类似氢化物的其他离子有正干扰，如锑、铋、锡、锗等；能被氢还原的金属离子有负干扰，如镍、钴、铁、锰、镉等；常见阴阳离子没有干扰。

在含 2μg 砷的 250mL 试样中加入 0.15mol/L 的酒石酸溶液 20mL，可消除为砷量 800 倍的铝、锰、锌、镉，200 倍的铁，80 倍的镍、钴，30 倍的铜，2.5 倍的锡（Ⅳ），1 倍的锡（Ⅱ）的干扰。用浸渍二甲基甲酰胺（DMF）脱脂棉可消除为砷量 2.5 倍的锑、铋和 0.5 倍的锗的干扰。用乙酸铅棉可消除硫化物的干扰。水体中含量较低的碲、硒对本法无影响。

取水样体积 250mL，本方法的检出限为 0.4μg。砷化氢发生与吸收装置，见图 2-3。

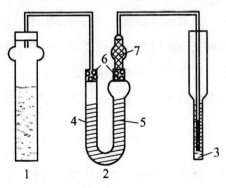

图 2-3　砷化氢发生与吸收装置

1-反应管；2-U 形管；3-吸收管；4-乙酸铅棉；5-DMF 脱脂棉；6-脱脂棉；

7-脱胺管，内装吸有无水硫酸钠和硫酸氢钾混合粉（9+1）的脱脂棉

（三）氢化物原子吸收法

硼氢化钾或硼氢化钠在酸性溶液中，产生新生态氢，将水样中的无机砷还原成砷化氢气体，将其用 N_2 气载入石英管中，以电加热方式使石英管升温至 $900\sim1\,000\,℃$。砷化氢在此温度下被分解形成砷原子蒸气，对来自砷光源的特征电磁辐射产生吸收。将测得水样中砷的吸光度值和标准吸光度值进行比较，确定水样中砷的含量。原子吸收光谱仪一般带有氢化物发生与测定装置作为附件供选择购置，一般装置的检出限为 $0.25\,\mu g/L$，氢化物发生装置见图 2-4。

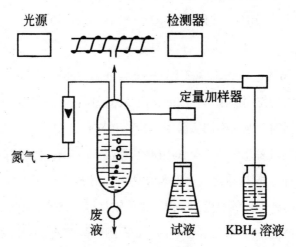

图 2-4　氢化物发生装置

（四）原子荧光法

在消解处理水样后加入硫脲，把砷还原成三价。在酸性介质中加入硼氢化钾溶液，三价砷被还原形成砷化氢气体，由载气（氩气）直接导入石英管原子化器中，进而在氩氢火焰中原子化。基态原子受特种空心阴极灯光源的激发，产生原子荧光，通过检测原子荧光的相对强度，利用荧光强度与溶液中的砷含量呈正比的关系，计算样品溶液中相应成分的含量。该法也适用于测定锑和铋等元素，砷、锑、铋的方法检出限为 $0.1\sim0.2\,\mu g/L$。

四、铬

铬的主要污染源是电镀、制革、冶炼等工业排放的污水。它以三价铬离子和铬酸根离子形式存在。微量的三价铬是生物体必需的元素，但超过一定浓度也有危害。六价铬的毒性强，且更易为人体吸收，因此被列为优先监测的项目之一。

铬的测定可用多种方法：原子吸收分光光度法可用来直接测定三价铬和六价铬的总量；含高浓度铬酸根的污水可用滴定法测定；在多种测定铬的光度法中，二苯碳酰二肼光度法对铬（Ⅵ）的测定几乎是专属的，能分别测定两种价态的铬。

二苯碳酰二肼，又名二苯氨基脲、二苯卡巴肼，白色或淡橙色粉末，易溶于乙醇和丙酮等有机溶剂。试剂配成溶液后，易氧化变质，稳定性不好，应在冰箱中保存。试剂的分子结构式为：

$$O = C \Big\langle {}^{NH-NH-C_6H_5}_{NH-NH-C_6H_5}$$

二苯碳酰二肼测定铬是基于与铬（Ⅵ）发生的显色反应，共存的铬（Ⅲ）不参与反应。铬（Ⅵ）与试剂反应生成红紫色的络合物，其最大吸收波长为540nm。其具有较高的灵敏度（$\varepsilon = 4 \times 10^4$），最低检出浓度为$4\mu g/L$。水样经高锰酸钾氧化后测得的是总铬，未经氧化测得的是Cr（Ⅵ），将总铬减Cr（Ⅵ），即得Cr（Ⅲ）。

第四节　非金属无机物的测定

一、亚硝酸盐

亚硝酸盐（NO_2-N）是含氮化合物分解过程中的中间产物，它是有机污染的标志之一。亚硝酸盐极不稳定，可被氧化为硝酸盐，也可被还原为氨氮。因为在硝化过程中，由NH^+转化为NO_2^-的过程比较缓慢，而由NO_2^-转化成NO_3^-比较快速，所以亚硝酸盐在天然水体中含量并不高，通常不超过$0.1mg/L$。亚硝酸盐进入人体后，可使血液中正常携氧的铁血红蛋白氧化成高铁血红蛋白，使之失去输送氧的能力，还可与仲胺类反应生成具有致癌性的亚硝胺类物质。

水中亚硝酸盐常用的测定方法有离子色谱法、气相分子吸收光谱法和N-（1-萘基）-乙二胺光度法。前两种方法简便，快速、干扰较少；光度法灵敏度较高，选择性较好。亚硝酸盐氮的测定通常用重氮偶合光度法，按使用试剂不同分为N-（1-萘基）-乙二胺光度法和α-萘胺光度法。下面主要介绍N-（1-萘基）-乙二胺光度法的测定过程。

（一）N-（1-萘基）-乙二胺光度法原理

在磷酸介质中，当pH值为1.8时，水中的亚硝酸根离子与4-氨基苯磺酰胺（4-aminobenzene sulfonamide）反应生成重氮盐，它再与N-（1-萘基）-乙二胺二盐酸盐［N-（1-naphthyl）-1，2-diaminaethane dihydrochlo-ride］偶联生成红色染料，在540nm波长处测定吸光度。如果使用光程长为10mm的比色皿，亚硝酸盐氮的浓度在0.2mg/L以内其呈色符合比耳定律。

（二）仪器

1. 玻璃器皿，都应用2mol/L盐酸仔细洗净，然后用水彻底冲洗。
2. 常用实验室设备及分光光度计。

（三）试剂

1. 实验用水（无硝酸盐的二次蒸馏水）。采用下列方法之一制备。

A. 加入高锰酸钾结晶少许于1L蒸馏水中，使其变成红色，加氢氧化钡（或氢氧化钙）结晶至溶液呈碱性，使用硬质玻璃蒸馏器进行蒸馏，弃去最初的50mL馏出液，收集约700mL不含锰盐的馏出液，待用。

B. 在1L蒸馏水中加入浓硫酸1mL、硫酸锰溶液。[每100mL水中含有36.4g硫酸锰（$MnSO_4 \cdot H_2O$）]0.2mL，滴加0.04%（m/V）高锰酸钾溶液至呈红色（1~3mL），使用硬质玻璃蒸馏器进行蒸馏，弃去最初的50mL馏出液，收集约700mL不含锰盐的馏出液，待用。

2. 磷酸。15mol/L，即1.70g/mL。

3. 硫酸。18mol/L，即1.84g/mL。

4. 磷酸。1+9溶液（1.5mol/L）。溶液至少可稳定6个月。

5. 显色剂。在500mL烧杯内加入250mL水和50mL 15mol/L磷酸，加入20.0g 4-氨基苯磺酰胺（$NH_2C_6H_4SO_2NH_2$）。再将1.00gN-（1-萘基）-乙二胺二盐酸盐（$C_{10}H_7NHC_2H_4NH_2 \cdot 2HCl$）溶于上述溶液中，转移至500mL容量瓶，用水稀释至标线，摇匀。此溶液贮存于棕色试剂瓶中，保存在2~5℃，至少可稳定1个月。

注：本试剂有毒性，避免与皮肤接触或吸入体内。

6. 高锰酸钾标准溶液。c（1/5$KMnO_4$）0.050mol/L。溶解1.6g高锰酸钾（$KMnO_4$）于1.2L水中（一次蒸馏水），煮沸0.5~1h，使体积减少到1L左右，放置过夜，用G-3号玻璃砂芯滤器过滤后，滤液贮存于棕色试剂瓶中避光保存。高锰酸钾标准溶液要进行标定和计算。

7. 草酸钠标准溶液。c（1/2 $Na_2C_2O_4$）= 0.0500mol/L。溶解105℃烘干2h的优级纯无水草酸钠（3.3500 ±0.0004）g于750mL水中，定量转至1000mL容量瓶中，用水稀释至标线，摇匀。

8. 亚硝酸盐氮标准贮备溶液。$c_N = 250mg/L$。

A. 贮备溶液的配制。称取 1.232g 亚硝酸钠（$NaNO_2$），溶于 150mL 水中，定量转移至 1000mL 容量瓶中，用水稀释至标线，摇匀。本溶液贮存在棕色试剂瓶中，加入 1mL 氯仿，保存在 2~5℃，至少稳定 1 个月。

B. 贮备溶液的标定。在 300mL 具塞锥形瓶中，移入高锰酸钾标准溶液 50mL，浓硫酸 5mL，用 50mL 无分度吸管，使下端插入高锰酸钾溶液液面下，加入亚硝酸盐氮标准贮备溶液 50mL，轻轻摇匀，置于水浴上加热至 70~80℃，按每次 10mL 的量加入足够的草酸钠标准溶液，使高锰酸钾标准溶液褪色并使过量，记录草酸钠标准溶液用量 V_2，然后用高锰酸钾标准溶液滴定过量草酸钠至溶液呈微红色，记录高锰酸钾标准溶液总用量 V_1。

再以 50mL 实验用水代替亚硝酸盐氮标准贮备溶液，如上操作，用草酸钠标准溶液标定高锰酸钾溶液的浓度 c_1。

按下式计算高锰酸钾标准溶液浓度 c_1（$1/5KMnO_4$，mo/L）：

$$c_1 = \frac{0.05 \times V_4}{V_3} \qquad (2-3)$$

式中：V_3——滴定实验用水时加入高锰酸钾标准溶液总量，mL。

V_4——滴定实验用水时加入草酸钠标准溶液总量，mL。

0.05——草酸钠标准溶液浓度 c（$1/2 Na_2C_2O_4$），mol/L。

按下式计算亚硝酸盐氮标准贮备溶液的浓度 c_N（mg/L）：

$$c_N = \frac{(c_1V_1 - 0.05V_2) \times 7.00 \times 1000}{50} = 140V_1c_1 - 7.00V_2 \quad (2-4)$$

式中：V_1——滴定亚硝酸盐氮标准贮备溶液时加入高锰酸钾标准溶液总量，mL。

V_2——滴定亚硝酸盐氮标准贮备溶液时加入草酸钠标准溶液总量，mL。

c_1——经标定的高锰酸钾标准溶液的浓度，mol/L。

7——亚硝酸盐氮（1/2N）的摩尔质量。

50——亚硝酸盐氮标准贮备溶液取样量，mL。

0.05——草酸钠标准溶液浓度 c（$1/2 Na_2C_2O_4$），mol/L。

9. 亚硝酸盐氮中间标准液。$c_N = 50mg/L$。取亚硝酸盐氮标准贮备溶液 50mL 于 250mL 容量瓶中，用水稀释至标线，摇匀。此溶液贮于棕色瓶内，保存在 2~5℃，可稳定 1 周。

10. 亚硝酸盐氮标准工作液。$c_N = 1mg/L$。取亚硝酸盐氮中间标准液 10mL 于 500mL 容量瓶内，水稀释至标线，摇匀。此溶液使用时，当天配制。

注：亚硝酸盐氮中间标准液和标准工作液的浓度值，应采用贮备溶液标定后的准确浓度的计算值。

11. 氢氧化铝悬浮液。溶解 125g 硫酸铝钾［$KAl(SO_4)_2 \cdot 12H_2O$］或硫酸铝铵［$NH_4Al(SO_4)_2 \cdot 12H_2O$］于 1L 一次蒸馏水中，加热至 60℃，在不断搅拌下，徐徐加入 55mL 浓氢氧化铵，放置约 1h 后，移入 1L 量筒内，用一次蒸馏水反复洗涤沉淀，最后用实验用水洗涤沉淀，直至洗涤液中不含亚硝酸盐为止。澄清后，把上清液尽量全部倾出，只留稠的悬浮物，最后加入 100mL 水。使用前应振荡均匀。

12. 酚酞指示剂。$c = 10g/L$。0.5g 酚酞溶于 95%（体积份数）乙醇 50mL 中。

（四）操作步骤

1. 试样的制备。实验室样品含有悬浮物或带有颜色时，须去除干扰。水样最大体积为 50mL，可测定亚硝酸盐氮浓度高至 0.2mg/L。浓度更高时，可相应用较少量的样品或将样品进行稀释后，再取样。

2. 测定。用无分度吸管将选定体积的水样移至 50mL 比色管（或容量瓶）中，用水稀释至标线，加入显色剂 10mL，密塞，摇匀，静置，此时 pH 值应为 1.8±0.3。加入显色剂 20min 后、2h 以内，在 540nm 的最大吸光度波长处，用光程长 10mm 的比色皿，以实验用水做参比，测量溶液吸光度。

注：最初使用本方法时，应校正最大吸光度的波长，以后的测定均应用此波长。

3. 空白试验。按前述测定步骤进行空白试验，用 50mL 水代替水样。

4. 色度校正。如果实验室样品经处理后还具有颜色时，按前述测定方法，从水样中取相同体积的第二份水样，进行测定吸光度，只是不加显色剂，改加磷酸（1+9）10mL。

5. 标准曲线校准：在一组 6 个 50mL 比色管（或容量瓶）内，分别加入 1mg/L 亚硝酸盐氮标准工作液 0、1、3、5、7 和 10mL，用水稀释至标线，然后加入显色剂 20min 后、2h 以内，在 540nm 的最大吸光度波长处，用光程长 10mm 的比色皿，以实验用水做参比，测量溶液吸光度。

从测得的各溶液吸光度，减去空白试验吸光度，得到校正吸光度 A，绘制以氮含量（μg）对校正吸光度的校准曲线，亦可按线性回归方程的方法，计算校准曲线方程。

（五）计算

水样溶液吸光度的校正值 A_r，按下式计算：

$$A_r = A_s - A_b - A_c \qquad (2-5)$$

式中：A_s——水样溶液测得吸光度。

A_b——空白试验测得吸光度。

A_c——色度校正测得吸光度。

由校正吸光度 A_r 值，从校准曲线上查得（或由校准曲线方程计算）相应的亚硝酸盐氮的含量 m_N（μg）。

水样的亚硝酸盐氮浓度按下式计算：

$$c_N = \frac{m_N}{V} \tag{2-6}$$

式中：c_N——亚硝酸盐氮浓度，mg/L。

m_N——相应于校正吸光度 A 的亚硝酸盐氮含量，μg。

V——取水样体积，mL。

试样体积为 50mL 时，结果以 3 位小数表示。

二、硝酸盐

硝酸盐（NO_3^-）是在有氧环境中最稳定的含氮化合物，也是含氮有机化合物经无机化作用最终阶段的分解产物。由于大量施用化肥和酸雨等因素的影响，水体中硝酸盐含量呈升高趋势。清洁的地面水硝酸盐含量很低，受污染的水体和一些深层地下水含量较高。过多的硝酸盐对环境和人体不利。饮用水中的硝酸盐是有害物质，进入人体后可以被还原为亚硝酸盐进而生成其他危害更严重的物质。饮用水中，硝酸盐的浓度限制在 10mg/L（以氮计）以下。

硝酸盐测定方法有光度法、离子色谱法、离子选择电极法和气相分子吸收光谱法等。光度法包括酚二磺酸分光光度法、戴氏合金还原 - 纳氏试剂光度法、镉柱还原 - 偶氮光度法、紫外分光光度法等。

其中镉柱还原–偶氮光度法利用硝酸盐通过镉柱后被还原成亚硝酸盐，亚硝酸盐与芳香胺生成重氮化合物，测定亚硝酸盐。此法可分别测定样品中硝酸盐与亚硝酸盐，但操作比较烦琐，较少应用。戴氏合金还原法是水样在碱性介质中，硝酸盐可被还原剂戴氏合金在加热情况下定量还原为氨，经蒸馏出后被吸收于硼酸溶液中，用纳氏试剂光度法或酸滴定法测定。紫外分光光度法是利用硝酸根离子在 220nm 波长处的吸收而定量测定硝酸根。酚二磺酸分光光度法（GB/T 7480—1987）显色稳定，测定范围较宽，下面重点介绍此测定方法。

（一）酚二磺酸分光光度法原理

利用硝酸盐在无水情况下与酚二磺酸反应生成邻硝基酚二磺酸，在碱性（氨性）溶液中生成黄色化合物，于 410nm 波长处进行分光光度测定。

（二）仪器

75～100mL 容量瓷蒸发皿；50mL 具塞比色管；分光光度计；恒温水浴。

（三）试剂

1. 浓硫酸。$\rho = 1.84g/mL$。

2. 发烟硫酸（$H_2SO_4 \cdot SO_3$）。含13%三氧化硫（SO_3）。

注：发烟硫酸在室温较低时会凝固，取用时，可先在40~50℃隔水浴中加温使其熔化，不能将盛装发烟硫酸的玻璃瓶直接置入水浴中，以免瓶裂发生危险。

发烟硫酸中含三氧化硫（SO_3）浓度超过13%时，可用浓硫酸按计算量进行稀释。

3. 酚二磺酸〔$C_6H_3(OH)(SO_3H)_2$〕。称取25g苯酚置于500mL锥形瓶中，加150mL浓硫酸使之溶解，再加75mL发烟硫酸充分混合。瓶口插一小漏斗，置瓶于沸水浴中加热2h，得淡棕色稠液，贮于棕色瓶中，密塞保存。当苯酚色泽变深时，应进行蒸馏精制。若无发烟硫酸时，亦可用浓硫酸代替，但应增加在沸水浴中加热时间至6h，制得的试剂尤应注意防止吸收空气中的水分，以免因硫酸浓度的降低，影响硝基化反应的进行，使测定结果偏低。

4. 氨水（$NH_3 \cdot H_2O$）。$\rho = 0.90g/mL$。

5. 氢氧化钠溶液。0.1mol/L。

6. 硝酸盐氮标准贮备液。$c_N = 100mg//L$。将0.7218g经105~110℃干燥2h的硝酸钾（KNO_3）溶于水中，移入1 000mL容量瓶，用水稀释至标线，混匀。加2mL氯仿做保存剂，至少可稳定6个月。每毫升本标准溶液含0.1mg硝酸盐氮。

7. 硝酸盐氮标准溶液。$c_N = 10mg/L$。吸取50mL 100mg/L硝酸盐氮标准贮备液，置蒸发皿内，加0.1mol/L氢氧化钠溶液使pH值调至8，在水浴上蒸发至干。加2mL酚二磺酸试剂，用玻璃棒研磨蒸发皿内壁，使残渣与试剂充分接触，放置片刻，重复研磨一次，放置10min，加入少量水，定量移入500mL容量瓶中，加水至标线，混匀。每毫升本标准溶液含0.01mg硝酸盐氮。贮于棕色瓶中，此溶液至少稳定6个月。

8. 硫酸银溶液。称取4.397g硫酸银（Ag_2SO_4）溶于水，稀释至1 000mL。1mL此溶液可去除1mg氯离子（Cl）。

9. 硫酸溶液。0.5mol/L。

10. EDTA二钠溶液。称取50gEDTA二钠盐的二水合物（$C_{10}H_4N_2O_3Na_2 \cdot 2H_2O$），溶于20mL水中，使调成糊状，加入60mL氨水充分混合，使之溶解。

11. 氢氧化铝悬浮液。称取125g硫酸铝钾〔$KAl(SO_4)_2 \cdot 12H_2O$〕或硫酸铝铵〔$NH_4Al(SO_4)_2 \cdot 12H_2O$〕溶于1L水中，加热到60℃，在不断搅拌下徐徐加入55mL氨水，使其生成氢氧化铝沉淀。充分搅拌后静置，弃去上清液。反复用水洗涤沉淀，至倾出液无氯离子和铵盐。最后加入300mL水使其成为悬浮液。使用前振摇均匀。

12. 高锰酸钾溶液。3.16g/L。

（四）操作步骤

1. 水样体积的选择

最大水样体积为 50mL，可测定硝酸盐氮浓度至 2.0mg/L。

2. 空白试验

取 50mL 水，以与水样测定完全相同的步骤、试剂和用量，进行平行操作。

3. 标准曲线的绘制

用分度吸管向一组 10 支 50mL 比色管中分别加入 10mg/L 硝酸盐氮标准溶液 0、0.1、0.3、0.5、0.7、1、3、5、7、10mL，加水至约 40mL，加 3mL 氨水使成碱性，再加水至标线，混匀。硝酸盐氮含量分别为 0、0.001、0.003、0.005、0.007、0.01、0.03、0.05、0.07、0.1mg，进行分光光度测定。所用比色皿的光程长 10mm。由除零管外的其他校准系列测得的吸光度值减去零管的吸光度值，绘制吸光度对硝酸盐氮含量（mg）的校准曲线。

4. 干扰的排除

（1）带色物质。取 100mL 水样移入 100mL 具塞量筒中，加 2mL 氢氧化铝悬浮液，密塞充分振摇，静置数分钟澄清后，过滤，弃去最初的滤液 20mL。

（2）氯离子。取 100mL 水样移入 100mL 具塞量筒中，根据已测定的氯离子含量，加入相当量的硫酸银溶液充分混合，在暗处放置 30min，使氯化银沉淀凝聚，然后用慢速滤纸过滤，弃去最初滤液 20mL。

注：如不能获得澄清滤液，可将已加过硫酸银溶液后的水样在近 80℃ 的水浴中加热，并用力振摇，使沉淀充分凝聚，冷却后再进行过滤；若同时须去除带色物质，则可在加入硫酸银溶液后混匀，再加入 2mL 氢氧化铝悬浮液，充分振摇，放置片刻，待沉淀后过滤。

（3）亚硝酸盐。当亚硝酸盐氮含量超过 0.2mg/L 时，可取 100mL 试样，加 1mL 硫酸溶液，混匀后，滴加高锰酸钾溶液，至淡红色保持 15min 不褪为止，使亚硝酸盐氧化为硝酸盐，最后从硝酸盐氮测定结果中减去亚硝酸盐氮量。

5. 样品的测定

（1）蒸发。取 50mL 水样（如果硝酸盐含量较高可酌量减少）置于蒸发皿中，用 pH 值试纸检查，必要时用硫酸溶液或氢氧化钠溶液，调至微碱性 pH 值 ≈ 8，置水浴上蒸发至干。

（2）硝化反应。加 1mL 酚二磺酸试剂，用玻璃棒研磨，使试剂与蒸发皿内残渣充分接触，放置片刻，再研磨一次，放置 10min，加入约 10mL 水。

（3）显色。在搅拌下加入 3~4mL 氨水，使溶液呈现最深的颜色。若有沉淀产生，过滤，或滴加 EDTA 二钠溶液，并搅拌至沉淀溶解。将溶液移入比色管中，用水稀释至标线，混匀。

（4）分光光度测定。在 410nm 波长下，选用合适光程长的比色皿，以水为参比，测量溶液的吸光度。

（五）计算

水样中的硝酸盐浓度按下式计算：

$$c_N(mg/L) = \frac{m}{V} \times 1\,000 \qquad (2-7)$$

式中：m——从标准曲线上查得的硝酸盐氮量，mg；

V——水样体积，mL；

1000——换算为每升水样计。

三、氨氮

水样中的总氮含量是衡量水质的重要指标之一。其测定方法通常采用过硫酸钾氧化，使有机氮和无机氮化合物转变为硝酸盐测定。凯氏氮是指以基耶达（Kjeldahl）法测得的含氮量，它包括氨氮以及在浓硫酸和催化剂（K_2SO_4）条件下能转化为铵盐而被测定的有机氮化合物。

氨氮以游离氨（又称非离子氨，NH_3）和铵盐（NH_4^+）形式存在于水中，二者的组成比取决于水的 pH 值。水中氨氮的来源主要有生活污水、合成氨工业废水以及农田排水。氨氮较高时对鱼类有毒害作用，高含量时会导致鱼类死亡。

氨氮的测定方法有纳氏试剂分光光度法、水杨酸分光光度法、蒸馏-中和滴定法、电极法、气相分子吸收光谱法等。

纳氏试剂分光光度法是氯化汞和碘化钾的碱性溶液与氨反应生成黄棕色化合物，在较宽的波长范围内有强烈吸收，比色测定。水杨酸分光光度法是在亚硝基铁氰化钠存在下，铵与水杨酸盐和次氯酸离子反应生成蓝色化合物，比色测定。比色方法操作简便、灵敏，但干扰较多。因此对污染严重的工业废水，应将水样蒸馏，以消除干扰。蒸馏时调节水样的 pH 值在 6~7.4 范围，加入氢氧化镁使呈微碱性。若采用纳氏试剂比色法或酸滴定法时以硼酸为吸收液；用水杨酸-次氯酸盐分光光度法时采用硫酸吸收。

（一）纳氏试剂法原理

碘化汞和碘化钾的碱性溶液与氨反应生成淡黄棕色胶态化合物，其色度与氨氮含量成正比，通常可在波长 410～425nm 范围内测其吸光度，反应式如下：

$$2K_2[HgI_4] + NH_3 + 3KOH \rightarrow NH_2Hg_2IO(黄棕色) + 7KI + 2H_2O$$

本法最低检出浓度为 0.025mg/L（光度法），测定上限为 2mg/L。采用目视比色法，最低检出浓度为 0.02mg/L。水样做适当的预处理后，本法可适用于地面水、地下水、工业废水和生活污水。

（二）仪器

带氮球的定氮蒸馏装置：500mL 凯氏烧瓶、氮球、直形冷凝管；分光光度计；pH 计。

（三）试剂

1. 配制试剂用水均应为无氨水。无氨水，可选用下列方法之一进行制备。

A. 蒸馏法：每升蒸馏水中加 0.1mL 硫酸，在全玻璃蒸馏器中重蒸馏，弃去 50mL 初馏液，接取其余馏出液于具塞磨口的玻璃瓶中，密塞保存。

B. 离子交换法：使蒸馏水通过强酸性阳离子交换树脂柱。

2. 1mol/L 盐酸溶液。取 8.5mL 盐酸于 100mL 容量瓶中，用水稀释至标线。

3. 1mol/L 氢氧化钠溶液。称取 4g 氢氯化钠溶于水中，稀释至 100mL。

4. 轻质氧化镁（MgO）。将氧化镁在 500℃下加热，以除去碳酸盐。

5. 0.05% 溴百里酚蓝指示液（pH 值 = 6.0～7.6）。称取 0.05g 溴百里酚蓝指示液溶于 50mL 水中，加 10mL 无水乙醇，用水稀释至 100mL。

6. 防沫剂。如石蜡碎片。

7. 吸收液。硼酸溶液：称取 20g 硼酸溶于水，稀释至 1L。0.01mol/L 硫酸溶液。

8. 纳氏试剂。可选择下列方法之一制备。

A. 称取 20g 碘化钾溶于约 25mL 水中，边搅拌边分次少量加入氯化汞（HgCl₂）结晶粉末（约 10g），至出现朱红色沉淀不易溶解时，改为滴加饱和氯化汞溶液，并充分搅拌，当出现微量朱红色沉淀不再溶解时，停止滴加氯化汞溶液。

另称取 60g 氢氧化钾溶于水，并稀释至 250mL，冷却至室温后，将上述溶液徐徐注入氢氧化钾溶液中，用水稀释至 400mL，混匀。静置过夜，将上清液移入聚乙烯瓶中，密塞保存。

B. 称取 16g 氢氧化钠，溶于 50mL 水中，充分冷却至室温。

另称取 7g 碘化钾和 10g 碘化汞（HgI₂）溶于水，然后将此溶液在搅拌下徐徐注入氢氧化钠溶液中。用水稀释至 100mL，贮于聚乙烯瓶中，密塞保存。

9. 酒石酸钾钠溶液。称取 50g 酒石酸钾钠（KNaC₄H₄O₆·4H₂O）溶于 100mL 水中，加热煮沸以除去氨，放冷，定容至 100mL。

10. 铵标准贮备溶液。称取 3.819g 经 100℃ 干燥过的氯化铵（ NH_4Cl ）溶于水中，移入 1 000mL 容量瓶中，稀释至标线。此溶液每毫升含 1mg 氨氮。

11. 铵标准使用溶液。移取 5mL 铵标准贮备液于 500mL 容量瓶中，用水稀释至标线。此溶液每毫升含 0.01mg 氨氮。

（四）操作步骤

1. 水样预处理

取 250mL 水样（如氨氮含量较高，可取适量并加水至 250mL，使氨氮含量不超过 2.5mg），移入凯氏烧瓶中，加数滴溴百里酚蓝指示液，用氢氧化钠溶液或盐酸溶液调节至 pH 值 =7 左右。加入 0.25g 轻质氧化镁和数粒玻璃珠，立即连接氮球和冷凝管，导管下端插入吸收液液面下。加热蒸馏，至馏出液达 200mL 时，停止蒸馏。定容至 250mL。

采用酸滴定法或纳氏比色法时，以 50mL 硼酸溶液为吸收液；采用水杨酸-次氯酸盐比色法时，改用 50mL0.01 mol/L 硫酸溶液为吸收液。

2. 标准曲线的绘制

吸取 0、0.5、1、3、5、7 和 10mL 铵标准溶液于 50mL 比色管中，加水至标线，加 1mL 酒石酸钾钠溶液，混。加 1.5mL 纳氏试剂，混匀。放置 10min 后，在波长 420nm 处，用光程 20mm 比色皿，以水为参比，测定吸光度。

由测得的吸光度，减去零浓度空白管的吸光度后，得到校正吸光度，绘制以氨氮含量（mg）对校正吸光度的标准曲线。

3. 水样的测定

①分取适量经絮凝沉淀预处理后的水样（使氨氮含量不超过 0.1mg），加入 50mL 比色管中，稀释至标线，加 0.1mL 酒石酸钾钠溶液；②分取适量经蒸馏预处理后的馏出液，加入 50mL 比色管中，加一定量 1mol/L 氢氧化钠溶液以中和硼酸，稀释至标线。加 1.5mL 纳氏试剂，混匀。放置 10min 后，同标准曲线步骤测量吸光度。

4. 空白试验

以无氨水代替水样，做全程序空白测定。

（五）计算

由水样测得的吸光度减去空白试验的吸光度后，从标准曲线上查得氨氮含量（mg）。

$$氨氮(N，mg/L) = \frac{m}{V} \times 1000 \qquad (2-8)$$

式中：m——由校准曲线查得的氨氮量，mg。

V——水样体积，mL。

1 000——换算为每升水样计。

四、氟化物

氟广泛存在于天然水体中，以地下水中含氟量最高，一般为1~3mg/L，高的每升可达数十毫克。炼铝、磷肥、钢铁等工业排放的三废，含氟较高。氟是人体必需的微量元素，推荐饮水标准中的氟以0.5~1.5mg/L为宜。氟的缺乏和过量都会对人的牙齿和骨骼产生不良影响。

测定水中氟化物的方法有离子色谱法、氟离子选择电极法、氟试剂分光光度法、茜素磺酸锆目视比色法和硝酸钍滴定法。离子色谱法已被国内外普遍使用，方法简便、测定快速、干扰较小，但设备比较昂贵。分光光度法适用于含氟较低的样品，氟试剂法可以测定0.05~1.8mg/L F$^-$；茜素磺酸锆目视比色法可以测定0.1~2.5mg/L F$^-$，但是误差比较大。氟化物含量大于5mg/L时可采用硝酸钍滴定法。氟电极是目前众多电极中性能最好的一种，用它测定氟离子的方法被列为测定氟的标准方法，已成功地应用于测定天然水、海水、饮料、尿、血清、大气、植物、土壤等各种试样中的F$^-$。

（一）离子选择电极测定原理

以氟化镧电极为指示电极，饱和甘汞电极或氯化银电极为参比电极，当水中存在氟离子时，就会在氟电极上产生电位响应。工做电池表示如下：

Ag│AgCl，Cl$^-$（0.33mol/L），F$^-$（0.001mol/L）│LaF$_3$‖ 试液 ‖ 外参比电极

$$(2-9)$$

当控制水中总离子强度足够量且为定值时，电池的电动势 E 值随待测溶液中氟离子浓度而变化，且遵守能斯特方程，并服从下式：

$$E = E - \frac{2.303RT}{F} \lg c_{F^-}$$

E 与 $\lg c_{F^-}$ 呈直线关系，$\frac{2.303RT}{F}$ 为该直线的斜率，亦为电极的斜率。

与氟离子形成络合物的多价阳离子（如三价铝、三价铁和四价硅）及氢离子干扰测定，其他常见离子无影响。通常加入总离子强度调节剂以保持溶液的总离子强度，并络合干扰离子，保持溶液适当的 pH 值，就可以直接测定了。

（二）仪器

离子计或精密酸度计；氟离子选择电极；磁力加热搅拌器；饱和甘汞电极或氯化银电极。

（三）试剂

1. 氟标准贮备液。称取 0.221g 氟化钠（NaF），预先在 105～110℃烘干 2h，溶于去离子水中，移至 1000mL 容量瓶中，用水稀释至标线，摇匀。贮于聚乙烯瓶中，此溶液含氟 100μg/mL。

2. 氟标准溶液。用氟标准贮备液，制备成每毫升含 10μg 氟的标准溶液。

3. 总离子强度调节缓冲溶液（TISAB）。0.2mol/L 柠檬酸钠－1mol/L 硝酸钠：称取 58.8g 二水合柠檬酸钠和 85g 硝酸钠，加水溶解，用稀盐酸调节 pH 值至 5～6，转入 1 000mL 容量瓶中，稀释至标线，摇匀。

（四）操作步骤

1. 样品预处理

清洁水样无须预处理即可用氟离子选择电极测定，严重污染的水样或其他复杂样品须经消解或预蒸馏将氟分离后再行测定。氟的分离利用氢氟酸具有挥发性质，可以在高沸点强酸性介质中将其蒸出，使用的酸通常是硫酸或高氯酸。

①取 400mL 蒸馏水置于 1L 蒸馏瓶中，在不断搅拌下缓慢加入 200mL 浓硫酸，混匀。加入 5～10 粒玻璃珠。连接好蒸馏装置，开始小火加热。然后加大火提高蒸馏速度至温度刚刚升到 180℃时为止，弃去馏出液。本操作目的是除去氟化物污染。此时蒸馏瓶中酸与水的比例约为 2∶1。

②将上述蒸馏瓶内的溶液放冷到 120℃以下，加入 250mL 水样，混匀。按步骤①蒸馏至温度达 180℃时止。温度不能超过 180℃，以防止带出硫酸盐。收集馏出液于接收瓶中，待测定。

③蒸馏瓶内的硫酸溶液可反复使用到对馏出液产生污染，以致影响回收率和馏出液中发现干扰物时为止。要定期蒸馏标准氟化物试样，用来检验酸的适用性。在蒸馏含氟量高的水样时，蒸馏水样后要加 300mL 水再蒸馏，把两次氟化物馏出液合并，必要时反复加水蒸馏，到蒸馏瓶中氟含量降低到最低值为止。把后回收的氟化物馏出液与第一次馏出液合并。如果蒸馏装置长时间没有使用，也要重复操作加水蒸馏，弃去馏出液。

④在蒸馏含有大量氯化物的水样时，可把固体硫酸银加到蒸馏瓶内，每毫克氯化物要加 5mg 硫酸银。

2. 标准曲线的绘制

①在一系列 50mL 容量瓶中分别加入 1、3、5、10、20mL 氟化物标准溶液，10mL 总离子强度调节缓冲溶液（TISAB），用水稀释至标线，摇匀。转入 100mL 烧杯中。

②将电极插入溶液中，开动电磁搅拌器，维持 25℃，搅拌 1~3min，电位稳定后，在继续搅拌下读数。在放电极前，不要搅拌，以免晶体周围进入空气而引起错误的读数或指针晃动。在每次测量之前，都要用水冲洗电极，并用滤纸吸干。测定顺序应从低浓度到高浓度。

③在半对数坐标纸上或计算机上，绘制 $E-\lg c_{F^-}$ 曲线（对数轴上取氟离子标准溶液的浓度，在均等轴上取电位）。

3. 样品测定

在 50mL 容量瓶中，加入 10mL 总离子强度缓冲液，加适量预处理好的水样。稀释至标线，混合均匀，然后转入 100mL 烧杯中，按绘制标准曲线的步骤②程序操作，读取毫伏数值。

（五）计算

$$水中氟化物(F^-，mg/L) = \frac{测得氟量(\mu g)}{水样体积(mL)} \qquad (2-10)$$

第五节　水中有机化合物的测定

一、高锰酸盐指数的测定

以高锰酸钾为氧化剂氧化水样中的还原性物质所消耗的氧化剂的量称为高锰酸盐指数，以氧的量 mg/L 来表示。它所测定的实际上也是化学耗氧量，只是我国标准中仅将酸性重铬酸钾法测得的值称为化学耗氧量（COD）。

高锰酸盐指数测定分为酸性和碱性两种条件，分别适用于不同的水样。对于清洁的地表水和被污染的水体中氯离子含量不超过 300mg/L 的水样，通常采用酸性高锰酸钾法；对于含氯量高于 300mg/L 的水样，应采用碱性高锰酸钾法。因为在碱性条件下高锰酸钾的氧化能力比较弱，此时不能氧化水中的氯离子，使测定结果能较为准确地反映水样中有机物的污染程度。

国际标准化组织（ISO）建议高锰酸盐指数仅限于测定地表水、饮用水和生活污水。

（一）测定原理

在碱性或酸性溶液中，加一定量 $KMnO_4$ 溶液于水样中，加热一定时间以氧化水中的还原性无机物和部分有机物。加过量草酸钠溶液还原剩余的 $KMnO_4$，最后再以 $KMnO_4$ 溶液回滴过量的草酸钠。

（二）测定步骤（酸性高锰酸钾法）

1. 取 100mL 水样（原样或经稀释）置于锥形瓶中，加入 5mL H_2SO_4 溶液（1+1）混合均匀。

2. 加入 10mL 高锰酸钾标准溶液 $[c(1/5\ KMnO_4)=0.01mol/L]$，置于沸水浴中加热 30min，取出冷却至室温。

3. 加入 10mL 草酸钠标准溶液 $[c(1/2\ Na_2C_2O_4)=0.01mol/L]$，使溶液中的红色褪尽。

4. 用高锰酸钾标准溶液 $[c(1/5\ KMnO_4)=0.01mol/L]$ 滴定，直至出现微红色。

（三）计算

1. 不经稀释的水样

$$高锰酸盐指数(O_2,\ mg/L)=\frac{[(10+V_1)K-10]c\times8\times1000}{100} \qquad (2-11)$$

式中：V_1——滴定水样消耗 $KMnO_4$ 标准溶液体积，mL。

K——校正系数（每毫升 $KMnO_4$ 标准溶液相当于 $Na_2C_2O_4$ 标准溶液的体积，mL）。

C——$Na_2C_2O_4$ 标准溶液浓度（$1/2\ Na_2C_2O_4$），mol/L。

8——氧（1/20）的摩尔质量，g/mol。

100——水样体积，mL。

2. 经过稀释的水样

$$高锰酸盐指数(O_2,\ mg/L)=\frac{\{[(10+V_1)K-10]-[(10+V_0)K-10]f\}c\times8\times1000}{V_2}$$

$$(2-12)$$

式中：V_0——空白试验中消耗 $KMnO_4$ 标准溶液体积，mL。

V_2——所取水样体积，mL。

f——稀释后水样中含稀释水的比例（如 20mL 水样稀释至 100mL，$f = 0.8$）。

二、五日生化需氧量（BOD5）的测定

生物化学耗氧量（BOD）就是水中有机物和无机物在生物氧化作用下所消耗的溶解氧。由于生物氧化过程很漫长（几十天至几百天），目前世界上都广泛采用在 20℃ 5 天培养法，其测定的消耗氧量称为五日生化需氧量，即 BOD5。

BOD 是反映水体被有机物污染程度的综合指标，也是研究污水的可生化降解性和生化处理效果的重要手段。它是生化处理污水工艺设计和动力学研究中的重要参数。

（一）测定原理

与测定 DO 一样，使用碘量法。对于污染轻的水样，取其两份，一份测其当时的 DO；另一份在（20±1）℃下培养 5 天再测 DO，两者之差即为 BOD5。

对于大多数污水来说，为保证水体生物化学过程所必需的三个条件，测定时须按估计的污染程度适当地加特制的水稀释，然后取稀释后的水样两份，一份测其当时的 DO，另一份在（20±1）℃下培养 5 天再测 DO，同时测定稀释水在培养前后的 DO，按公式计算 BOD5 值。

（二）稀释水

上述特制的、用于稀释水样的水，通称为稀释水。它是专门为满足水体生物化学过程的三个条件而配制的。配制时，取一定体积的蒸馏水，加 $CaCl_2$、$FeCl_3$、$MgSO_4$ 等用于微生物繁殖的营养物，用磷酸盐缓冲液调 pH 值至 7.2，充分曝气，使溶解氧近饱和，达 8mg/L 以上。稀释水的 pH 值应为 7.2，BOD5 必须小于 0.2mg/L，稀释水可在 20℃ 左右保存。

（三）接种稀释水

水样中必须含有微生物，否则应在稀释水中接种微生物，即在每升稀释水中加入生活污水上层清液 1~10mL。或天然河水、湖水 10~100mL，以便为微生物接种。这种水就称作接种稀释水，其 BOD，应在 0.3~1.0mg/L 的范围内。

对于某些含有不易被一般微生物所分解的有机物的工业废水，需要进行微生物的驯化。这种驯化的微生物种群最好从接受该种废水的水体中取得。为此可以在排水口以下 3~8km 处取得水样，经培养接种到稀释水中；也可用人工方法驯化，采用一定量的生活污水，每天加入一定量的待测污水，连续曝气培养，直至培养成含有可分解污水中有机物的种群为止。

为检查稀释水和微生物是否适宜以及化验人员的操作水平，将每升含葡萄糖和谷氨酸各 150mg 的标准溶液以 1：50 的比例稀释后，与水样同步测定 BOD5，测得值应在 180~

230mg/L 之间，否则应检查原因，予以纠正。

（四）水样的稀释

水样的稀释倍数主要是根据水样中有机物含量和分析人员的实践经验来进行估算的。通常有以下两种情况。

1. 对于清洁天然水和地表水，其溶解氧接近饱和，无须稀释。

2. 对于工业废水，有两种方法可以估算稀释倍数：a. 用 CODcr 值分别乘系数 0.075、0.15、0.25 获得；b. 由高锰酸盐指数来确定稀释倍数，见表 2-1。

表 2-1　高锰酸盐指数对应的系数

高锰酸盐指数/（mg/L）	系数	高锰酸盐指数/（mg/L）	系数
<5	—	10~20	0.4, 0.6
5~10	0.2, 0.3	>20	0.5, 0.7, 1.0

为了得到正确的 BOD 值，一般以经过稀释后的混合液在 20℃培养 5 天后的溶解氧残留量在 1mg/L 以上，耗氧量在 2mg/L 以上，这样的稀释倍数最合适。如果各稀释倍数均能满足上述要求，那么取其测定结果的平均值为 BOD 值；如果三个稀释倍数培养的水样测定结果均在上述范围以外，那么应调整稀释倍数后重做。

（五）计算

对不经稀释直接培养的水样

$$BOD_5(mg/L) = c_1 - c_2 \qquad (2\text{-}13)$$

式中：c_1——水样在培养前溶解氧的质量浓度，mg/L。

c_2——水样经 5 天培养后，剩余溶解氧的质量浓度，mg/L。

对稀释后培养的水样

$$BOD_5(mg/L) = \frac{(c_1 - c_2) - (b_1 - b_2) \times f_1}{f_2} \qquad (2\text{-}14)$$

式中：b_1——稀释水（或接种稀释水）在培养前溶解氧的质量浓度，mg/L。

b_2——稀释水（或接种稀释水）在培养后溶解氧的质量浓度，mg/L。

f_1——稀释水（或接种稀释水）在培养液中所占比例。

f_2——水样在培养液中所占比例。

三、总有机碳（TOC）和总需氧量（TOD）的测定

（一）总有机碳（TOC）的测定

总有机碳是以碳的含量表示水体中有机物质总量的综合指标。TOC 的测定都采用燃烧法，能将有机物全部氧化，因此它比 BOD5 或 COD 更能反映水样中有机物的总量。

目前广泛应用的测定 TOC 的方法是燃烧氧化非色散红外吸收法。其测定原理是：将一份定量水样注入高温炉内的石英管，在 $900 \sim 950℃$ 高温下，以铂和三氧化钴或三氧化二铬为催化剂，使有机物燃烧裂解转化为二氧化碳，然后用红外线气体分析仪测定 CO_2 含量，从而确定水样中碳的含量。但是在高温条件下，水样中的碳酸盐也会分解产生二氧化碳，因而上法测得的为水样中的总碳（TC）而非有机碳。

为了获得有机碳含量，一般可采用两种方法。一种是将水样预先酸化，通入氮气曝气，驱除各种碳酸盐分解生成的二氧化碳后再注入仪器测定；另一种方法是使用装配有高低温炉的 TOC 测定仪，测定时将同样的水样分别等量注入高温炉（$900℃$）和低温炉（$150℃$）。在高温炉中，水样中的有机碳和无机碳全部转化为 CO_2，而低温炉的石英管中装有磷酸浸渍的玻璃棉，能使无机碳酸盐在 $150℃$ 分解为 CO_2，有机物却不能被分解氧化。将高、低温炉中生成的 CO_2 依次导入非色散红外气体分析仪，分别测得总碳（TC）和无机碳（IC），二者之差即为总有机碳（TOC）。该方法最低检出浓度为 $0.5mg/L$。

（二）总需氧量（TOD）的测定

总需氧量是指水中能被氧化的物质（主要是有机物质）在燃烧中变成稳定的氧化物时所需要的氧量，结果以 O_2 的量 mg/L 表示。TOD 也是衡量水体中有机物污染程度的一项指标。

用 TOD 测定仪测定 TOD 的原理是：将一定量水样注入装有铂催化剂的石英燃烧管，通入含已知氧浓度的载气（氮气）作为原料气，则水样中的还原性物质在 $900℃$ 下被瞬间燃烧氧化，测定燃烧前后原料气中氧浓度的减少量，便可求得水样的总需氧量值。

TOD 值能反映几乎全部有机物质经燃烧后变成 CO_2、H_2O、NO、SO_2……所需要的氧量，它比 BOD、COD 和高锰酸盐指数更接近于理论需氧量值。它们之间没有固定的相关关系，从现有的研究资料来看，BOD5：TOD 为 $0.1 \sim 0.6$，COD：TOD 为 $0.5 \sim 0.9$，具体比值取决于污水的性质。

根据 TOD 和 TOC 的比例关系可粗略判断有机物的种类。对于含碳化合物，因为一个

碳原子需要消耗两个氧原子，即 $O_2 : C = 2.67$，所以从理论上说，$TOD = 2.67TOC$。若某水样的 $TOD : TOC = 2.67$ 左右，可认为主要是含碳有机物；若 $TOD : TOC > 4.0$，则应考虑水中有较大量含 S、P 的有机物存在；若 $TOD : TOC < 2.6$，就应考虑水样中硝酸盐和亚硝酸盐可能含量较大，它们在高温和催化条件下分解释放出氧，使 TOD 测定呈现负误差。

第三章　空气和废气监测

第一节　气态无机污染物的测定

一、概述

（一）空气污染物及其存在状态

1. 大气与空气

大气是指包围在地球周围的气体，其厚度达 1 000～1 400km，世界气象组织按大气温度的垂直分布将大气分为对流层、平流层、中间层、热成层、逸散层。而空气则是指对人类及生物生存起重要作用的近地面约 10km 内的气体层（对流层），占大气总质量的95%左右。一般来说，空气范围比大气范围要小得多。但在环境污染领域，"大气"与"空气"一般不予区分，常作为同义词使用。

自然状态下，大气是由混合气体、水汽和杂质组成。根据其组成特点可分为恒定组分、可变组分、不定组分。氮气、氧气、氩气占空气总量的 99.97%，在近地层大气中上述气体组分的含量几乎认为是不变的，称为恒定组分。可变的组分包括二氧化碳、水蒸气、臭氧等。这些气体受地区、季节、气象以及人们生活和生产活动的影响，随时间、地点、气象条件等的不同而变化。不定组分是由自然因素和人为因素形成的气态物质和悬浮颗粒，如尘埃、硫、硫氧化物、硫化氢、氮氧化物等。

2. 空气污染物及其存在状态

空气污染物系指由于人类活动或自然过程排入空气的并对人或环境产生有害影响的物质。空气污染物种类繁多，是由气态物质、挥发性物质、半挥发性物质和颗粒物质（PM）的混合物组成的，其组成成分形态多样，性质复杂。目前已发现有害作用而被人们注意到的有 100 多种。

（1）空气污染物的分类

依据空气污染物的形成过程，通常将空气污染物分为一次污染物和二次污染物。一次污染物是直接从各种污染源排放到大气中的有害物质，常见的主要有二氧化硫、氮氧化物、一氧化碳、碳氢化合物、颗粒性物质等。颗粒性物质中包含苯并［a］芘等强致癌物质、有毒重金属、多种有机物和无机物等。

二次污染物是一次污染物在大气中相互作用或它们与大气中的正常组分发生反应所产生的新污染物。常见的二次污染物有硫酸盐、硝酸盐、臭氧、醛类（乙醛和丙烯醛等）、过氧乙酰硝酸酯（PAN）等。二次污染物的毒性一般比一次污染物的毒性大。

（2）空气中污染物的存在状态

由于各种污染物的物理、化学性质不同，形成的过程和气象条件也不同，因此，污染物在大气中存在的状态也不尽相同。一般按其存在状态分为分子状态污染物和粒子状态污染物两类。分子状态污染物也称气体状态污染物，粒子状态污染物也称气溶胶状态污染物或颗粒污染物。

（二）空气污染监测分类

空气污染监测一般可分为以下三类：

1. 污染源的监测

如对烟囱、机动车排气口的检测。目的是了解这些污染源所排出的有害物质是否达到现行排放标准的规定；对现有的净化装置的性能进行评价；通过对长期监测数据的分析，可为进一步修订和充实排放标准及制定环境保护法规提供科学依据。

2. 环境污染监测

监测对象不是污染源而是整个空气。目的是了解和掌握环境污染的情况，进行空气污染质量评价，并提出警戒限度；研究有害物质在空气中的变化规律，二次污染物的形成条件；通过长期监测，为修订或制定国家卫生标准及其他环境保护法规积累资料，为预测预报创造条件。

3. 特定目的的监测

选定一种或多种污染物进行特定目的的监测。例如，研究燃煤火力发电厂排出的污染物对周围居民呼吸道的危害，首先应选定对上呼吸道有刺激作用的污染物 SO_2、H_2SO_4、雾、飘尘等做监测指标，再选定一定数量的人群进行监测。由于目的是监测污染物对人体健康的影响，所以测定每人每日对污染物接受量，以及污染物在一天或一段时间内的浓度变化，就是这种监测的特点。

（三）空气污染监测方案的制订

制订空气污染监测方案首先需要根据监测目的进行调查研究，收集必要的基础资料，然后经过综合分析，确定监测项目，设计布点网络，选定采样频率、采样方法和监测技术，建立质量保证程序和措施，提出监测结果报告要求及进度计划。

在对空气污染进行监测时，人们不可能对全部空气进行监测，所以只能选择性地采集部分空气的气样。要使气样具有代表性，能准确地反映空气污染的状况，必须控制好以下几个步骤：根据监测目的调查研究，收集必要的基础资料；然后经过综合分析，确定监测项目，布设采样网点；选择采样方法、时间、频率；建立质量保证程序和措施；提出监测报告要求及进度计划等。

1. 监测目的

（1）通过对空气环境中主要污染物进行定期或连续的监测，判断空气质量是否符合国家制定的空气质量标准，并为编写空气环境质量标准状况评价报告提供依据。

（2）为研究空气质量的变化规律和发展趋势，开展空气污染的预测预报工作提供依据。

（3）为政府部门执行有关环境保护法规，开展环境质量管理及修订空气环境质量标准提供基础资料和依据。

2. 基础资料的收集

（1）污染源分布及排放情况

将污染源类型、数量、位置及排放的主要污染种类、排放量和所用的原料、燃料及消耗量等调查清楚。另外，要注意将高烟囱排放的较大污染源与低烟囱排放的小污染源区别开来，将一次污染物和由于光化学反应产生的二次污染物区别开来。

（2）气象资料

污染物在大气中的扩散、输送和一系列的物理、化学变化在很大程度上取决于当时的气象条件。因此，要收集监测区域的风向、风速、气温、气压、降水量、日照时间、相对湿度、温度的垂直梯度和逆温层底部高度等资料。了解本地的常年主导风向，大致估计出污染物的可能扩散概况。

（3）地形资料

地形对当地的风向、风速和大气稳定情况等都有影响，因此是设置监测网点时应考虑的重要因素。

（4）土地利用和功能分区情况

工业区、商业区、混合区、居民区等不同功能区，其空气污染状况及空气质量要求各不相同，因而在设置监测网点时，必须分别予以考虑。因此，在制订空气污染监测方案时应当收集监测区域的土地利用情况及功能区划分方面的资料。

（5）人口分布及人群健康情况

开展空气质量监测是为了了解空气质量状况，保护人群健康。因此收集掌握监测区域的人口分布、居民和动植物受空气污染危害情况以及流行性疾病等资料，对制订监测方案、分析判断监测结果是非常有用的。

（6）监测区域以往的大气监测资料

可以利用已有的监测资料推断分析应设监测点的数量和位置。

3. 监测项目确定

空气中的污染物质多种多样，应根据优先监测的原则，选择那些危害大、涉及范围广、测定方法成熟，并有标准可比的项目进行监测。

（1）必测项目与选测项目

必测项目：SO_2、氮氧化物、TSP、硫酸盐化速率、灰尘、自然降尘量。

选测项目：CO、飘尘、光化学氧化剂、氟化物、铅、Hg、苯并［a］芘、总烃及非甲烷烃。

（2）连续采样实验室分析项目

必测项目：SO_2、氮氧化物、总悬浮颗粒物、硫酸盐化速率、灰尘、自然降尘量。

选测项目：CO、可吸入颗粒物（PM10、PM2.5）、光化学氧化剂、氟化物、铅、苯并［a］芘、总烃及非甲烷烃。

（3）空气环境自动监测系统监测项目

必测项目：SO_2，NO_2，总悬浮颗粒物或可吸入颗粒物（PM10、PM2.5）、CO。

选测项目：臭氧、总碳氢化合物。

4. 监测网点的布设

（1）采样点布设原则和要求

①采样点应设在整个监测区域的高、中、低三种不同污染物浓度的地方。

②采样点应选择在有代表性的区域内，按工业和人口密集的程度以及城市、郊区和农村的状况，可酌情增加或减少采样点。

③采样点要选择在开阔地带，应在风向的上风口，采样口水平线与周围建筑物高度的夹角应不大于30°。测点周围无局部污染源，并应避开树木及吸附能力较强的建筑物。交通密集区的采样点应设在距人行道边缘至少1.5m远处。

④各采样点的设置条件要尽可能一致或标准化，使获得的监测数据具有可比性。

⑤采样高度应根据监测目的而定。研究大气污染对人体的危害，采样口应在离地面1.5～2m处；研究大气污染对植物或器物的影响，采样点高度应与植物或器物的高度相

近。连续采样例行监测采样高度为距地面 3~15m，以 5~10m 为宜；降尘的采样高度为距地面 5~15m，以 8~12m 为宜。TSP、降尘、硫酸盐化速率的采样口应与基础面有 1.5m 以上的相对高度，以减少扬尘的影响。

（2）采样点数目

在一个监测区内，采样点的数目设置是一个与精度要求和经济投资相关的效益函数，应根据监测范围大小、污染物的空间分布特征、人口分布密度、气象、地形、经济条件等因素综合考虑确定。

（3）采样点布设方法

①功能区布点法。功能区布点法多用于区域性常规监测。布点时先将监测地区按环境空气质量标准划分成若干"功能区"，如工业区、商业区、居民区、居住与中小工业混合区、市区背景区等，再按具体污染情况和人力、物力条件在各区域内设置一定数目的采样点。各功能区的采样点数不要求平均，一般在污染较集中的工业区和人口较密集的居民区多设采样点。

②网格布点法。对于多个污染源，且在污染源分布较均匀的情况下，通常采用网格布点法。此法是将监测区域地面划分成若干均匀网状方格，采样点设在两条直线的交点处或方格中心。网格大小视污染强度、人口分布及人力、物力条件等确定。若主导风向明显，下风向设点要多一些，一般约占采样点总数的 60%。

③同心圆布点法。同心圆布点法主要用于多个污染源构成的污染群，且重大污染源较集中的地区。先找出污染源的中心，以此为圆心在地面上画若干个同心圆，再从圆心作若干条放射线，将放射线与圆周的交点作为采样点。圆周上的采样点数目不一定相等或均匀分布，常年主导风向的下风向应多设采样点。例如，同心圆半径分别取 5km、10km、15km、20km，从里向外各圆周上分别设 4、8、8、4 个采样点。

④扇形布点法。扇形布点法适用于孤立的高架点源，且主导风向明显的地区。以点源为顶点，成 45°扇形展开，夹角可大些，但不能超过 90°，采样点设在扇形平面内距点源不同距离的若干弧线上。每条弧线上设 3 或 4 个采样点，相邻两点与顶点的夹角一般取 10°~20°。在上风向应设对照点。

⑤平行布点法。平行布点法适用于线性污染源。线性污染源如公路等，在距公路两侧 1m 左右布设监测网点，然后在距公路 100m 左右的距离布设与前面监测点对应的监测点，目的是了解污染物经过扩散后对环境产生的影响。在前后两点对比采样的时候注意污染物组分的变化。

采用同心圆布点法和扇形布点法时，应考虑高架点源排放污染物的扩散特点，在不计污染物本底浓度时，点源脚下的污染物浓度为零，随着距离增加，很快出现浓度最大值，然后按指数规律下降。因此，同心圆或弧线不宜等距离划分，而是靠近最大浓度值的地方密一些，以免漏测最大浓度的位置。

以上几种采样布点的方法，可以单独使用，也可以综合使用，目的就是要有代表性地反映污染物浓度，为大气环境监测提供可靠的样品。

5. 采样时间和采样频率

采样时间指每次从开始到结束所经历的时间，也称采样时段。采样频率指一定时间范围内的采样次数。

采样时间和频率要根据监测目的、污染物分布特征及人力物力等因素决定。短时间采样，试样缺乏代表性，监测结果不能反映污染物浓度随时间的变化，仅适用于事故性污染、初步调查等的应急监测。增加采样频率，也就相应增加了采样时间，积累足够多的数据，样品就具有较好的代表性。

最佳采样和测定方式是使用自动采样仪器进行连续自动采样，再配以污染组分连续或间歇自动监测仪器，其监测结果能很好地反映污染物浓度的变化，能取得任意一段时间（一天、一月或一季）的代表值（平均值）。

二、二氧化硫（SO₂）的测定

SO₂ 是一种无色、易溶于水、有刺激性气味的气体，是主要空气污染物之一，是例行监测的必测项目。环境空气 SO₂ 测定的国标方法是四氯汞盐盐酸副玫瑰苯胺分光光度法和甲醛吸收副玫瑰苯胺分光光度法。

（一）四氯汞盐盐酸副玫瑰苯胺分光光度法

1. 测定原理

空气中的 SO₂ 被四氯汞钾溶液吸收后，生成稳定的二氯亚硫酸盐络合物；该络合物再与甲醛及盐酸副玫瑰苯胺作用，生成紫色络合物，其颜色深浅与 SO₂ 含量成正比；在548nm 或 575nm 处测定吸光度，比色定量。该方法具有灵敏度高、选择性好等优点，但吸收液毒性较大。

2. 测定要点

首先配制好所需试剂，用空气采样器采样；然后按要求，用亚硫酸钠标准溶液配制标准色列、试剂空白溶液，并将样品吸收液显色，定容；最后，在最大吸收波长处以蒸馏水作参比，用分光光度计测定标准色列，试剂空白和样品试液的吸光度；以标准色列 SO₂ 含量为横坐标，相应吸光度为纵坐标，绘制标准曲线，并计算出计算因子（标准曲线斜率的倒数），按下式计算空气中 SO_2 浓度：

$$C = \frac{(A - A_0) \cdot B_s}{V_0} \cdot \frac{V_t}{V_a} \tag{3-1}$$

式中：C——空气中 SO_2 浓度（mg/m^3）。

  A——样品试液的吸光度。

  A_0——试剂空白溶液的吸光度。

  B_s——计算因子，$\mu g/$吸光度。

  V_0——换算成标准状况下的采样体积（L）。

  V_t——样气吸收液总体积（mL）。

  V_a——测定时所取样气吸收液体积（L）。

（二）甲醛吸收副玫瑰苯胺分光光度法

该方法避免了使用毒性大的四氯汞钾吸收液，在灵敏度、准确度诸方面均可与四氯汞钾溶液吸收法相媲美，且样品采集后相当稳定，但操作条件要求较严格。

1. 测定原理

气样中 SO_2 的被甲醛缓冲溶液吸收后，生成稳定的羟基甲磺酸加成化合物，加入氢氧化钠溶液使加成化合物分解，释放出 SO_2 与盐酸副玫瑰苯胺反应，生成紫红色络合物，其最大吸收波长为 577nm，用分光光度法测定。

该方法最低检出限为 $0.2\mu g/10mL$。当用 10mL 吸收液采气 10L 时，最低检出浓度为 $0.02mg/m^3$。

2. 测定要点

该方法的测定要点除吸收液不同外，其余过程与四氯汞盐盐酸副玫瑰苯胺分光光度法基本相同。即先配试剂，再采样，再配制标准色列和试剂空白溶液；再显色定容，最后测定吸光度、绘制标准曲线和计算空气 SO_2 浓度。

三、氮氧化物的测定

空气中的氮氧化物（NOx）以一氧化氮（NO）、二氧化氮（NO_2）、三氧化二氮（N_2O_3）、四氧化二氮（N_2O_4）、五氧化二氮（N_2O_5）等多种形态存在，但其中主要存在形态是 NO_2 和 NO。NO 为无色、无臭、微溶于水的气体，在空气中极易被氧化成 NO_2，而 NO_2 是棕红色具有强刺激性臭味的气体，其毒性比 NO 高四倍，是引起支气管炎、肺损害等疾病的有害物质。因而，环境空气的氮氧化物污染，多通过测定 NO_2 含量来分析。

环境空气 NO_2 含量测定的国标方法是 Saltzman 法，即盐酸萘乙二胺分光光度法。测定环境空气 NO_2，则常用三氧化铬-石英砂氧化盐酸萘乙二胺分光光度法。

（一）盐酸萘乙二胺分光光度法测定 NO_2 含量

该方法采样与显色同时进行，操作简便，灵敏度高，是国内外普遍采用的方法。当采样 4~24L 时，测定空气中 NO_2 的适宜浓度范围为 0.015~2.0mg/m³。

1. 测定原理

用冰乙酸，对氨基苯磺酸和盐酸萘乙二胺配成吸收液采样，空气中的 NO_2 被吸收转变成亚硝酸和硝酸。在冰乙酸存在的条件下，亚硝酸与对氨基苯磺酸发生重氮化反应，然后再与盐酸萘乙二胺偶合，生成玫瑰红色偶氮染料，其颜色深浅与气样中 NO_2 浓度成正比。因此，可用亚硝酸盐配制标准溶液，再用分光光度计测定吸光度，计算回归方程和空气中 NO_2 浓度。

2. 计算公式

$$C_{NO_2} = \frac{(A_1 - A_0 - a) \cdot V \cdot D}{b \cdot f \cdot V_0} \qquad (3-2)$$

式中 C_{NO2}——空气中 NO_2 的浓度，以 NO_2 计（mg/m³）。

A_1——吸收瓶中的吸收液采样后的吸光度。

A_0——空白试剂溶液的吸光度。

b——回归方程式的斜率，吸光度（mL/μg）。

a——回归方程式的截距。

V——采样用吸收液体积（mL）。

V_0——换算为标准状况下的空气样品体积（L）。

D——气样吸收液稀释倍数。

f——Saltzman 实验系数（0.88），当空气中 NO_2 浓度高于 0.720mg/m³ 时为 0.77。

（二）三氧化铬-石英砂氧化盐酸萘乙二胺分光光度法测定 NO_2 含量

1. 测定原理

在盐酸萘乙二胺分光光度法测定环境空气 NO_2 含量的显色吸收液瓶前，接一内装三氧化铬-石英砂氧化管。采样时，空气样品中的 NO 在氧化管内被氧化成 NO_2 和气样中的 NO_2 一起进入吸收瓶，与吸收液发生吸收、显色反应，于波长 540~545nm 处用标准曲线法进行定量测定，其测定结果为空气中 NO 和 NO_2 的总浓度 C_{NOx}。采样后的测定步骤和结果计算方法与 NO_2 浓度测定相同。

2. 注意事项

（1）三氧化铬-石英砂氧化管应于相对湿度 30%~70% 的条件下使用，发现吸湿板结或变成绿色应立即更换。

（2）空气中 O_3 浓度超过 0.250mg/m³ 时，会产生正干扰，采样时在吸收瓶入口端串接一段 15~20cm 长的硅橡胶管，可排除干扰。

四、臭氧的测定

臭氧（O_3）是高空平流层大气的主要组分成分，在对流层近地面大气中含量极微。近地面空气中的氧气（O_2）在太阳光紫外线的照射下或受雷击也能反应生成 O_3。环境空气中 O_3 量大时，会刺激黏膜、损害中枢神经系统，导致人体患支气管炎，并产生头痛等症状。在夏天中午的强紫外线的作用下，O_3 与烃类及 NOx 作用会引发光化学烟雾污染。环境空气 O_3 测定的国标方法是紫外光度法和靛蓝二磺酸钠分光光度法。

（一）紫外光度法

1. 测定原理

O_3 对 254nm 附近的紫外光有特征吸收，吸光度与气样 O_3 浓度间的关系符合朗伯-比尔定律。空气样和经 O_3 去除器的背景气交变（每 10s 完成一个循环）地通过气室，分别吸收光源经滤光器射出的特征波长紫外光，由光电检测系统（光电倍增管和放大器）检测透过空气样的光强 I 和透过背景气的光强 I_0，经数据处理器根据 I/I_0 值算出空气样 O_3 浓度，直接显示和记录消除背景干扰后的 O_3 浓度值。为防止背景气中其他成分的干扰，仪器须定期输入标准气进行量程校准。

2. 测定要点

开机接通电源使仪器预热 1h 以上，待仪器稳定后连接气体采样管，准备现场测定。将臭氧分析仪与数据记录仪（或计算机）连接，以备记录臭氧浓度。仪器准备好后，带到监测现场进行空气臭氧浓度现场测定并及时记录数据。

（二）靛蓝二磺酸钠分光光度法

1. 测定原理

用含有靛蓝二磺酸钠的磷酸盐缓冲溶液做吸收液采集空气样品，则空气中的 O_3 与吸收液中蓝色的靛蓝二磺酸钠等摩尔反应，褪色生成靛红二磺酸钠。在 610nm 处测量吸光度，用标准曲线定量。

2. 注意事项

（1）本方法适合于高臭氧含量气样的测定，当采样体积为 5～30L 时，测定范围为 0.03～1.2mg/m³。

（2）Cl_2、ClO_2、NO_2、SO_2、H_2S、PH_3 和 HF 等对 O_3 测定有干扰，但一般情况下，空气中上述气体的浓度很低，不会造成显著误差。

五、一氧化碳的测定

CO 是一种无色、无味的有毒气体，是含碳物质不充分燃烧的产物，是环境空气的主要污染物之一。CO 易与血液中的血红蛋白结合形成碳氧血红蛋白，使血液输送氧的能力降低，引发人体缺氧症状，严重时会导致心悸亢进、窒息或死亡。环境空气中 CO 测定的国标方法是非分散红外吸收法，此外也可用汞置换法或气相色谱法测定。

本书以非分散红外吸收法为例介绍测定环境空气 CO 含量的方法。

1. 测定原理

当 CO、CO_2 等气态分子受到红外辐射（1～25μm）照射时，将吸收各自特征波长的红外光，引起分子振动能级和转动能级的跃迁，产生振动-转动吸收光谱（红外吸收光谱）。在一定气态 CO（或 CO_2 等气态物质）浓度范围内，吸光度（吸收光谱峰值）与 CO 浓度间的关系符合朗伯-比尔定律。因而测空气样品吸光度即可确定气态 CO 浓度。

该方法因具有操作简便、测定快速、不破坏被测物质和能连续自动监测等优点而被广泛使用。此外，该方法还可用于 CH_4、SO_2、NH_3 等气态污染物质的监测。

2. 非分散红外吸收 CO 监测仪

非分散红外吸收 CO 监测仪的工作原理如图 3-1 所示。从红外光源发射出能量相等的两束平行光，被同步电机 M 带动的切光片交替切断。一路参比光束（其 CO 特征吸收波长光强度不变）通过滤波室（内充 CO 和水蒸气，用以消除干扰光）、参比室（内充不吸收红外光的气体，如氮气）射入检测室。另一路测量光束通过滤波室、测量室射入检测室。由于测量室内有气样通过，则气样中的 CO 吸收了部分特征波长的红外光，使射入检测室的光束强度减弱，且 CO 含最越高，光强减弱越多。检测室被一电容检测器（由厚 5～10μm 金属薄膜和一侧距薄膜 0.05～0.08mm 距离处固定的圆形金属片组成）分隔为上、下两室，均充有等浓度 CO 气体。由于射入检测室的参比光束强度大于测量光束强度，使两室中气体的温度产生差异，导致下室中的气体膨胀压力大于上室，使金属薄膜偏向固定金属片一方，从而改变了电容器两极间的距离，也就改变了电容量，其变化量与气样 CO 浓度成定量关系。将电容量变化信号转变成电流变化信号，再经放大和处理后由指示仪表和记录仪显示记录测量结果。

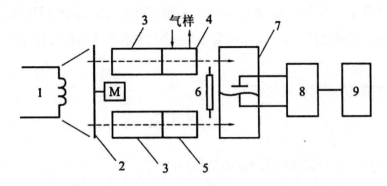

图 3-1 非分散红外吸收 CO 监测仪的工作原理

1-红外光源；2-切光片；3-滤波室；4-测量室；5-参比室；6-调零挡板；

7-检测度；8-放大及信号处理系统；9-指示仪表及记录仪

3. 测定要点

（1）仪器调零：开机接通电源预热 30min，启动仪器内装泵抽入 N_2，用流量计控制流量为 0.5L/min，调节仪器校准零点。

（2）仪器标定：在仪器进气口通入流量为 0.5L/min 的 CO 标准气体进行校正，调节仪器灵敏度电位器，使记录器指针在 CO 浓度的相应读数位置。

（3）样品分析：将样品气体通入仪器进气口，待仪器读数稳定后，直接读取仪表显示的气样 CO 浓度。

（4）结果计算：将仪器显示的 CO 浓度值代入下式，将其换算成标准状态下的质量浓度 C（mg/m³）。

$$C(\mathrm{mg/m^3}) = 1.25x \qquad (3-3)$$

式中：C——标准状态下 CO 的质量浓度（mg/m³）。

x——仪器显示的 CO 浓度（pL/L）。

1.25——标准状态下 CO 气体浓度单位由 μL/L 换算到 mg/m³ 的换算系数。

六、硫化氢的测定

硫化氢主要采用火焰光度气相色谱法。

（一）基本原理

硫化氢等硫化物含量较高的气体样品可直接用注射器取样 1~2mL，注入安装有火焰光度检测器（FPD）的气相色谱仪分析。当直接进样体积中硫化物绝对量低于仪器检出限时，则须以浓缩管在以液氧为制冷剂的低温条件下对 1L 气体样品中的硫化物进行浓缩，浓缩后将浓缩管连入色谱仪并加热至 100℃，使全部浓缩成分流经色谱柱分离，由 FPD 对各种硫化物进行定量分析。在一定浓度范围内，各种硫化物含量的对数与色谱峰高的对数成正比。

样品气体浓度的计算公式如下：

$$c = \frac{f \times 10^{-3}}{V_{nd}} \qquad\qquad (3-4)$$

式中：c——气样中硫化物组分浓度（mg/m^3）。

f——硫化物组分绝对量（ng）。

V_{nd}——换算成标准状态下进样或浓缩体积（L）。

该方法适用于恶臭污染源排气和环境空气中硫化氢、甲硫醇、甲硫醚和二甲二硫的同时测定。气相色谱仪的火焰光度检测器（GC-FPD）对四种成分的检出限为（0.2×10^{-9}）～（1.0×10^{-9}）g，当气体样品中四种成分浓度高于 1.0mg/m^3 时，可取 1～2mL 气体样品直接注入气相色谱仪进行分析。对 1L 气体样品进行浓缩，四种成分的方法检出限分别为（0.2×10^{-3}）～（1.0×10^{-3}）mg/m^3。

2. 采样

（1）采气瓶采样

环境气体样品和无组织排放源臭气样品用经真空处理的采气瓶采集。采样时应选择下风向指定位置恶臭气味最有代表性时采样，同一样品应平行采集 2～3 个。采样时拔出真空瓶一侧的硅橡胶塞，往瓶内充入样品气体至常压，随即以硅橡胶塞塞住入气孔，采样瓶避光运回实验室，在 24h 内分析。

（2）采样袋采气

对于排气筒内臭气样品应以采样袋进行采集。在排气筒取样口侧安装采样装置，启动抽气泵，用排气筒内气体将采样袋清洗 3 次后，在 1～3min 内使样品气体充满采样袋。采样袋避光运回实验室分析。

（3）样品的浓缩

取采集气体样品 1～2mL 直接注入色谱仪分析，没有成分峰出现时，则须将气体样品中的被测成分浓缩至浓缩管中。如果须对采样袋中的气体样品进行浓缩时，可用带流量计量装置、真空度计量装置的采样器代替真空泵，计量浓缩一定体积的气体样品。

七、硫酸盐化速率的测定

硫酸盐化速率是指大气中含硫污染物变为硫酸雾和硫酸盐雾的速度。测定方法有二氧化铅-重量法、碱片-重量法、碱片-铬酸钡分光光度法、碱片-离子色谱法等。下面介绍二氧化铅-重量法和碱片-重量法。

（一）二氧化铅-重量法

大气中的二氧化硫、硫酸雾、硫化氢等与二氧化铅反应生成硫酸铅，用碳酸钠溶液反应，使硫酸铅转化为碳酸铅，释放出硫酸根离子，再加入氯化钡溶液，生成硫酸钡沉淀，用重量法测定，结果以每日在 $100cm^2$ 的二氧化铅面积上所含 SO_3 的质量（mg）表示。反应式如下：

$$SO_2 + PbO_2 \rightarrow PbSO_4$$

$$H_2S + PbO_2 \rightarrow PbO + H_2O + S$$

$$PbO_2 + S + O_2 \rightarrow PbSO_4$$

PbO_2 采样管的制备是在素瓷管上涂一层黄蓍胶乙醇溶液，将适当大小的湿纱布平整地绕贴在素瓷管上，再均匀地刷上一层黄蓍胶乙醇溶渡，除去气泡，自然晾至近干后，将 PbO_2 与黄蓍胶乙醇溶液研磨制成的糊状物均匀地涂在纱布上，涂布面积约为 $100cm^2$，晾干移入干燥器存放。采样是将 PbO_2 采样管固定在百叶箱中，在采样点上放置（30±2）d。注意不要靠近烟囱等污染源。收样时，将 PbO_2 采样管放入密闭容器中。准确测量 PbO_2 涂层的面积，将采样管放入烧杯中，用碳酸钠溶液淋湿涂层，用镊子取下纱布，并用碳酸钠溶液冲洗瓷管，取出。搅拌洗涤液，盖好，放置 2~3h 或过夜。将烧杯在沸水浴上加热近沸，保持 30min，稍冷，倾斜过滤并洗涤，获得样品滤液。在滤液中加甲基橙指示剂，滴加盐酸至红色并稍过量。在沸水浴上加热，赶除 CO_2 滴加 $BaCl_2$ 溶液至沉淀完全，再加热 30min，冷却，放置 2h 后，用恒重的 G_4 玻璃砂芯坩埚抽气过滤，洗涤至滤液中无氯离子。将坩埚于 105~110℃烘箱中烘至恒重。同时，将保存在干燥器内的两支空白采样管按同法操作，测其空白值。计算测定结果：

$$硫酸盐化速率\,[\,mgSO_3/(100\ cm^2\ PbO_2 \cdot d)\,] = \frac{m_* - m_0}{S \cdot n} \times \frac{M(SO_3)}{M(BaSO_4)} \times 100$$

$$(3-5)$$

式中：m_s——样品管测得 $BaSO_4$ 的质量（mg）。

$\quad\quad m_0$——空白管测得 $BaSO_4$ 的质量（mg）。

$\quad\quad S$——采样管上 PbO_2 涂层面积（cm^2）。

$\quad\quad n$——采样天数，准确至 0.1d。

$\quad\quad \dfrac{M(SO_3)}{M(BaSO_4)}$——$SO_3$ 与 $BaSO_4$ 相对分子量之比值（0.343）。

应注意 PbO_2 的粒度、纯度、表面活度；PbO_2 涂层厚度和表面湿度；含硫污染物的浓度及种类；采样期间的风速、风向及空气温度、湿度等因素均会影响测定。用过的玻璃砂芯坩埚应及时用水冲出其中的沉淀，用温热的 EDTA-氨溶液浸洗后，再用（1+4）盐酸溶液浸洗，最后用水抽滤，仔细洗净，烘干备用。

（二）碱片-重量法

将用碳酸钾溶液浸渍的玻璃纤维滤膜暴露于大气中，碳酸钾与空气中的二氧化硫等反应生成硫酸盐，加入氯化钡溶液将其转化为硫酸钡沉淀，用重量法测定，结果以每日在 $100cm^2$ 碱片上所含 SO_3 的质量（mg）表示。

测定时先制备碱片并烘干，放入塑料皿（滤膜毛面向上，用塑料垫圈压好边缘），至现场采样点，固定在特制的塑料皿支架上，采样（30±2）d。将采样后的碱片置于烧杯中，加入盐酸使二氧化碳逸出，捣碎碱片并加热近沸，用定量滤纸过滤，得到样品溶液，加 $BaCl_2$ 溶液，得到 $BaSO_4$ 沉淀，将沉淀烘干、称重。同时，将一个没有采样的烘干的碱片放入烧杯中，按同样方法操作，并测其空白值。计算测定结果：

$$硫酸盐化速率 [mgSO_3/(100\ cm^2\ 碱片 \cdot d)] = \frac{m_s - m_0}{S \cdot n} \times \frac{M(SO_3)}{M(BaSO_4)} \times 100$$

$$= \frac{m_s - m_0}{S \cdot n} \times 34.3$$

(3-6)

式中：m_s——样品碱片中测得的 $BaSO_4$ 的质量（mg）。

m_0——空白碱片中测得的 $BaSO_4$ 的质量（mg）。

S——采样碱片有效采样面积（cm^2）。

n——碱片采样放置天数，准确至 0.1d。

第二节　颗粒物与有机污染的测定

一、颗粒物的测定

（一）总悬浮颗粒物（TSP）的测定

环境空气颗粒物污染的表征指标主要是总悬浮颗粒物（TSP）、可吸入颗粒物

（PM10、PM2.5）、自然沉降量。TSP 是指飘浮在空气中的固体和液体颗粒物的总称，其粒径范围为 0.1~100μm。它不仅包括被风扬起的大颗粒物，也包括烟、雾以及污染物相互作用产生的二次污染物等极小颗粒物。TSP 值的测定常采用滤膜捕集–重量法。

1. 测定原理

通过具有一定切割特征的采样器，以恒速抽取一定体积的空气，空气中粒径大于 100pm 的颗粒物被除去，小于 100μm 的悬浮颗粒物被截留在已恒重的滤膜上，根据采样前后滤膜质量之差及气体采样体积，计算 TSP 的质量浓度。

2. 主要仪器

大流量或中流量采样器、流量计、滤膜（超细玻璃纤维滤膜）、恒温恒湿箱、分析天平等。

3. 测定步骤

用 X 光机检查滤膜，不得有针孔或任何缺陷。在选定的滤膜光滑表面的两个对角上打印编号。滤膜袋上打印同样编号备用。将滤膜放入恒温恒湿箱内平衡 24h，平衡温度为 15~30℃，记录平衡温度和湿度。在平衡条件下称量平衡后的滤膜，大流量采样器称量精确至 1mg，中流量采样器称量精确至 0.1mg。将滤膜放入滤膜夹，安装采样头顶盖，设置采样时间，开始采样。采样结束后，取出滤膜，若无损坏，采样面向里，将滤膜对折，放入号码相同的滤膜袋中，在恒温恒湿箱内，与采样前滤膜相同的平衡条件下（温度、湿度），平衡 24h，称量测定。滤膜增重，大流量滤膜不小于 100mg，中流量滤膜不小于 10mg。若滤膜有损坏，本次实验作废。

4. 结果计算

$$c(总悬浮颗粒物)(\mu g/m^3) = \frac{K(W_1 - W_0)}{Q_N \cdot t} \qquad (3-7)$$

式中：W_0——采样前滤膜的质量（g）。

W_1——采样后滤膜的质量（g）。

t——累积采样时间（min）。

Q_N——采样器平均抽气流量（m²/min）。

K——常数（大流量采样器 $K=1×10^6$，中流量采样器 $K=1×10^9$）。

（二）可吸入颗粒物（PM10、PM2.5）的测定

一般将空气动力学当量直径小于或等于 10μm 的颗粒物称为可吸入颗粒物（PM10、PM2.5 或 IP），又称作飘尘。常用的测定方法有重量法、压电晶体振荡法、β 射线吸收法

及光散射法等。国家规定的测定方法是重量法。

下面以重量法来说明可吸入颗粒物（PM10、PM2.5）的测定。

1. 测定原理

气体首先进入采样器附带的 10μm 以上颗粒物切割器，将采样气体中粒径大于 10pm 以上的微粒分离出去。小于这一粒径的微粒随气流经分离器的出口被阻留在已恒重的滤膜上，根据采样前后滤膜的质量差及采样体积，计算可吸入颗粒物的浓度（mg/m）。

2. 主要仪器

测定可吸入颗粒物的主要仪器有大气采样器、切割器、流量计、超细玻璃纤维滤膜、分析天平、恒温恒湿箱等。

3. 测定步骤

选用合格的超细玻璃纤维滤膜，采样前在干燥器内放置 24h，用感量为 0.1mg 的分析天平称量，放入干燥器 1h 后再称量，两次质量差不得大于 0.4mg（即为恒重）。将恒重滤膜放在采样夹滤网上，牢固压紧至不漏气。不同样品不同滤膜，测定不同浓度的样品要每次更换滤膜。测日平均浓度，只须采集到一张滤膜上。采样结束，用镊子将有尘面的滤膜对折放入纸袋，做好记录，放入干燥器内 24h 至恒重，称量结果。采样点应避开污染源及障碍物，测定交通枢纽处可吸入颗粒物，采样点应布置在距人行道边缘 lm 处。测定任何一次浓度，采样时间不得少于 1h。测定日平均浓度，间断采样时间不得少于 4 次，采样口距地面 1.5m，采样不能在雨雪天进行，风速不大于 8m/s。

4. 结果计算

$$c = \frac{(m_2 - m_1) \times 1000}{V_t} \qquad (3-8)$$

式中：c——飘尘浓度（mg/m³）。

m_2——采样后滤膜质量（g）。

m_1——采样前滤膜质量（g）。

V_t——换算成标准状态下采样体积（m³）。

（三）降尘的测定

降尘（自然沉降量）是指从空气中自然降落于地面的颗粒物。颗粒物的降落不仅取决于粒径和密度，也受地形、风速、降水（包括雨、雪、雹等）等因素的影响。降尘量为单位面积上单位时间内从大气中沉降的颗粒物的质量，以每月每平方千米面积上所沉降颗粒物的吨数表示 [t/（km²·30d）]。

1. 测定原理

降尘的测定常采用重量法。空气中的颗粒物自然降落在盛有乙二醇水溶液的集尘缸内，样品从集尘缸内转移至蒸发皿后，经蒸发、干燥、称重，根据蒸发皿加样前后的质量差及集尘缸口的面积，计算出每月每平方千米降尘的吨数。

2. 仪器

降尘缸（内径 150mm、高 300mm 的玻璃、塑料或搪瓷缸）；电热板；分析天平（感量 0.1mg）。

3. 采样

首先按照前面介绍的布点原则选择采样点。然后向采样缸内加入乙二醇 60~80mL，以占满缸底为准。加水量视当地的气候条件而定，一般可加水 100~200mL。加乙二醇水溶液既可以防止冰冻，又可以保持缸底湿润，还能抑制微生物及藻类生长。再把采样缸放在采样现场的架子上，停置（30±2）d。

4. 测定步骤

（1）降尘的测定

将 100mL 瓷坩埚在（105±5）℃烘箱内烘 3h，置干燥器内冷却 50min，称量；再烘 50min，冷却 50min，再称量，直至恒重（两次质量之差小于 0.4mg）。用尺子测量集尘缸的内径，取出缸内的树叶、昆虫等异物，将缸内溶液和尘粒全部转移到 500mL 烧杯中，在电热板上加热，使溶液体积浓缩到 10~20mL，冷却后全部转移到已恒重的瓷坩埚中，加热至干，放入（105±5）℃烘箱烘干，称重。按瓷坩埚恒重操作方法反复烘干、称量至恒重。

（2）降尘中可燃物的测定

将瓷坩埚在 600℃灼烧 2h，待炉内温度降至 300℃以下时取出，放入干燥器中，冷却 50min 后称重。再在 600℃下灼烧 1h，冷却称量，直至恒重。将已测降尘总量的瓷坩埚在 600℃灼烧 3h，待炉内温度降至 300℃以下时取出，放入干燥器中，冷却 50min 后称重。再在 600℃下灼烧 1h，冷却称量，直至恒重。

5. 结果计算

（1）降尘总量按下式计算

$$M = \frac{m_1 - m_0 - m_c}{S \cdot n} \times 30 \times 10^4 \qquad (3-9)$$

式中：M——降尘总量 $[t/（km^2-30d）]$。

m^1——降尘、瓷坩埚、乙二醇水溶液蒸发至干，恒重后的质量（g）。

m^0——瓷坩埚恒重后的质量（g）。

m_c——与采样操作等量的乙二醇水溶液蒸发至干，恒重后的质量（g）。

S——集尘缸缸口面积（cm²）。

n——采样天数，准确到 0.1d。

（2）降尘中可燃物按下式计算

$$M' = \frac{(m_1 - m_0 - m_c) - (m_2 - m_b - m_d)}{S \cdot n} \times 30 \times 10^4 \quad (3-10)$$

式中：M'——可燃物质量 [t/（km² - 30d]。

m_b——瓷坩埚灼烧至恒重后质量（g）。

m_2——降尘、瓷坩埚、乙二醇水溶液蒸发至干，灼烧至恒重后的质量（g）。

m_d——与采样等量的乙二醇水溶液蒸发至干，灼烧至恒重后的质量（g）。

二、有机污染物的测定

（一）挥发性有机物（VOCs）的测定

近年来，已有很多在人类一般生活环境中检测出多种有毒有害挥发性有机化合物（VOCs）的报道，人们对生活环境，特别是对室内空气污染的关心程度逐渐提高。由于在这些有毒有害 VOCs 中还含有致畸变、致癌性的物质，因此，长期暴露在这样的环境中，将会对人体造成健康损害。

环境空气中 VOCs 的测定的国标方法为吸附管采样-热脱附/气相色谱-质谱法。

1. 基本原理

采用固体吸附剂富集环境空气中挥发性有机物，将吸附管置于热脱附仪中，经气相色谱分离后，用质谱法进行检测。通过与待测目标物标准质谱图相比较和保留时间进行定性，外标法或内标法定量。

2. 样品采集

（1）采样流量：10~200mL/min；采样体积：2L。当相对湿度大于 90% 时，应减小采样体积，但最少不应小于 300mL。

（2）将一根新吸附管连接到采样泵上，按吸附管上标明的气流方向进行采样。在采集样品过程中要注意随时检查调整采样流量，保持流量恒定。采样结束后，记录采样点位、时间、环境温度、大气压、流量和吸附管编号等信息。

（3）样品采集完成后，应迅速取下吸附管，密封吸附管两端或放入专用的套管内，外面包裹一层铝箔纸，运输到实验室进行分析。

新购的吸附管或采集高浓度样品后的吸附管需进行老化。老化温度350℃，老化流量40mL/min，老化时间10~15min。吸附管老化后，立即密封两端或放入专用的套管内，外面包裹一层铝箔纸。包裹好的吸附管置于装有活性炭或活性炭硅与胶混合物的干燥器内，并将干燥器放在无有机试剂的冰箱中，4℃保存，7d内分析。

（4）候补吸附管的采集：在吸附管后串联一根老化好的吸附管。每批样品应至少采集一根候补吸附管，用于监视采样是否穿透。

（5）现场空白样品的采集：将吸附管运输到采样现场，打开密封帽或从专用套管中取出，立即密封吸附管两端或放入专用的套管内，外面包裹一层铝箔纸。同已采集样品的吸附管一同存放并带回实验室分析。每次采集样品，都应至少带一个现场空白样品。

3. 测定要点

用微量注射器分别移取25μL、50μL、125μL、250μL和500μL的标准贮备溶液至10mL容量瓶中，用甲醇（分析纯级）定容，配制目标物浓度分别为5mg/L、10mg/L、25mg/L、50mg/L和100mg/L的标准系列。用微量注射器移取1μL标准系列溶液注入热脱附仪中，按照仪器参考条件，依次从低浓度到高浓度进行测定，绘制校准曲线。

将采完样的吸附管迅速放入热脱附仪中，按照一定条件进行热脱附，载气流经吸附管的方向应与采样时气体进入吸附管的方向相反。样品中目标物随脱附气进入色谱柱进行测定。按与样品测定相同步骤分析现场空白样品。

（1）热脱附仪参考条件

传输线温度：130℃；吸附管初始温度：35℃；聚焦管初始温度：35℃；吸附管脱附温度：325℃；吸附管脱附时间：3min；聚焦管脱附温度：325℃；聚焦管脱附时间：5min；一级脱附流量：40mL/min；聚焦管老化温度：350℃；干吹流量：40mL/min；干吹时间：2min。

（2）气相色谱仪参考条件

进样口温度：200℃；载气：氮气；分流比：5∶1；柱流量（恒流模式）：1.2mL/min；升温程序：初始温度30℃，保持3.2min，以11℃/min升温到200℃保持3min。为消除水分的干扰和检测器的过载，可根据情况设定分流比。

（3）质谱参考条件

扫描方式：全扫描；扫描范围：35~270amu；离子化能量：70eV；接口温度：280℃。为提高灵敏度，也可选用选择离子扫描方式进行分析。

（二）苯系物的测定

苯、甲苯、二甲苯和苯乙烯等都属于低取代芳烃，是空气中常见的苯系物。

苯、甲苯、二甲苯一般是共存的，工业上把它们称为三苯。苯及苯化合物主要来自于合成纤维、塑料、燃料、橡胶等，隐藏在油漆、各种涂料的添加剂以及各种胶黏剂、防水材料中，还可来自燃料和烟叶的燃烧。国际卫生组织已经把苯定为强烈致癌物质。苯系物主要指三苯和苯乙烯。

环境空气中苯系物的测定的国标方法为固体吸附/热脱附-气相色谱法。

1. **基本原理**

用填充聚2, 6-二苯基对苯醚（Tenax）采样管，在常温条件下，富集环境空气中的苯系物，采样管连入热脱附仪，加热后将吸附成分导入带有氢火焰离子化检测器（FID）的气相色谱仪进行分析。

2. **样品采集**

（1）采样前应对采样器进行流量校准。在采样现场，将一只采样管与空气采样装置相连，调整采样装置流量，此采样管仅作为调节流量用，不用做采样分析。

（2）常温下，将老化后的采样管去掉两侧的聚四氟乙烯帽，按照采样管上流量方向与采样器相连，检查采样系统的气密性。以 $10\sim200mL/min$ 的流量采集空气 $10\sim20min$。若现场大气中含有较多颗粒物，可在采样管前连接过滤头。同时记录采样器流量，当前温度和气压。

（3）采样完毕前，再次记录采样流量，取下采样管，立即用聚四氟乙烯帽密封。

（4）将老化后的采样管运输到采样现场，取下聚四氟乙烯帽后重新密封，不参与样品采集，并同已采集样品的采样管一同存放。每次采集样品，都应采集至少一个现场空白样品。

3. **测定要点**

分别取适量的标准贮备液，用甲醇（色谱纯）稀释并定容至1mL，配制质量浓度依次为5μg/mL、10ug/mL、20μg/mL、50μg/mL 和100μg/mL 的校准系列。

将老化后的采样管连接于其他气相色谱仪的填充柱进样口，或类似于气相色谱填充柱进样口功能的自制装置，设定进样口（装置）温度为50℃，用注射器注射 1μL 标准系列溶液，用100mL/min的流量通载气5min，迅速取下采样管，用聚四氟乙烯帽将采样管两端密封，得到5ng、10ng、20ng、50ng 和100ng 校准曲线系列采样管。将校准曲线系列采样管按吸附标准溶液时气流相反方向接入热脱附仪分析，根据目标组分质量和响应值绘制校准曲线。

将样品采样管安装在热脱附仪上，样品管内载气流的方向与采样时的方向相反，调整分析条件，目标组分脱附后，经气相色谱仪分离，由 FID 检测。记录色谱峰的保留时间和相应值。根据校准曲线计算目标组分的含量。

现场空白管与已采样的样品管同批测定。

4. 结果计算

气体中目标化合物浓度，按照下式进行计算。

$$\rho = \frac{W - W_0}{V_{nd} \times 1000} \tag{3-11}$$

式中：ρ——气体中被测组分质量浓度（mg/m^3）。

W——热脱附进样，由校准曲线计算的被测组分的质量（ng）。

W_0——由校准曲线计算的空白管中被测组分的质量（ng）。

V_{nd}——标准状态下（101.325kPa，273.15K）的采样体积（L）。

（三）总烃和非甲烷烃的测定

总碳氢化合物常以两种方法表示，一种是包括甲烷在内的碳氢化合物，称为总烃（THC），另一种是除甲烷以外的碳氧化合物，称为非甲烷烃（NMHC）。

大气中的碳氢化合物主要是甲烷，其浓度范围为 $2 \sim 8\mu L/L$。但当大气严重污染时，甲烷以外的碳氢化合物会大量增加，它们是形成光化学烟雾的主要物质之一，主要来自炼焦、化工等生产废气及机动车尾气等。甲烷不参与光化学反应，所以，测定不包括甲烷的碳氢化合物对判断和评价大气污染具有实际意义。

测定总烃和非甲烷烃的主要方法有光电离检测法、气相色谱法等。

1. 光电离检测法

有机化合物分子在紫外光照射下可产生光电离现象，用 PID 离子检测器收集产生的离子流，其大小与进入电离室的有机化合物的质量成正比。PID 法通常使用 10.2eV 的紫外光源，此时氧气、氮气、二氧化碳、水蒸气等不电离，不会产生干扰。甲烷的电离能为12.98eV，也不被电离。四碳以上的烃大部分可以电离。该法简单，可进行连续监测，所检测的非甲烷烃是指四碳以上的烃。

2. 气相色谱法

用气相色谱仪测定后，可以根据色谱峰出峰时间进行定性分析，也可根据色谱峰的峰高或峰面积进行定量分析。按下式计算总烃浓度：

$$C_{总}(以甲烷计，mg/m^3) = \frac{H_1 - H_a}{H_s} \cdot E \qquad (3-12)$$

式中：$C_{总}$——气样中总烃浓度（以甲烷计）（mg/m³）。

E——甲烷标准气浓度（mg/m³），即 ppm×16/22.4，16/22.4 为换算因子。

H_1——样品中总烃峰高（包括氧的响应）（cm）。

H_a——除经净化空气峰高（cm）。

H_s——甲烷标准气体经总烃柱的峰高（cm）。

甲烷浓度按下式计算：

$$C_{甲烷}(mg/m^3) = \frac{H_b}{H_s} \cdot E \qquad (3-13)$$

式中：$C_{甲烷}$——气体中甲烷浓度（mg/m³）。

H_b——样品中甲烷的峰高（cm）。

其余符号意义同上。

非甲烷按下式计算：

$$C_{非甲烷}(mg/m^3) = C_{总} - C_{甲烷} \qquad (3-14)$$

第三节　大气水平能见度与污染源的测定

一、大气水平能见度的测定

大气能见度是反映大气透明度的一个指标。一般定义为具有正常视力的人在当时的天气条件下还能够看清楚目标轮廓的最大地面水平距离。还有一种定义为目标的最后一些特征已经消失的最小距离。一般来说，对同一种目标，这两种定义确定的能见度大小是有差异的，后者比前者要大一些。能见度是一个对航空、航海、陆上交通以及军事活动等都有重要影响的气象要素。在航空中，一般使用前者定义的能见度。

影响能见度的因子主要有大气透明度、灯光强度和视觉感阈。大气能见度和当时的天气情况密切相关。当出现降雨、雾、霾、沙尘暴等天气过程时，大气透明度较低，因此能见度较差。

（一）目测法

气象观测员可以通过自然的或人造的目标物（树林、岩石、城堡、尖塔、教堂、灯光等）对气象光学视程（MOR）进行目测估计。

每一观测站应准备一张用于观测的目标物分布图，在其中标明它们相对于观测者的距离和方位。分布图中应包括分别适用于白天观测和夜间观测的各种目标物。观测者必须特别注意 MOR 值的显著的方向变化。

观测必须由具有正常视力且受过适当训练的观测员来进行，不能用附加的光学设备（单筒、双筒望远镜、经纬仪等），更要注意不能透过窗户观测，尤其是在夜间观测目标物或发光体时。观测员的眼睛应在地面以上的标准高度（大约 1.5m），不应在控制塔或其他高的建筑物的上层进行观测。当能见度低时，这一点尤其重要。

当能见度在不同方向上变化时，记录或报告的值取决于所做报告的用途。在天气预报中取较低值能见度做报告，而用于航空的报告则应遵循 WMO 的规定。

1. 白天 MOR 值的估计

白天观测的能见度目测估计值是 MOR 真值的较好的近似值。

一般应满足以下要求：白天应选择尽可能多的不同方向上的目标物，只选择黑色的或接近黑色的在天空背景下突出于地平面的目标物。浅色的目标物或位置靠近背景地形的目标物应尽量避免。当阳光照射在目标物上时，这一点尤为重要。如果目标物的反射率不超过 25%，在阴天条件下引起的误差不超过 3%，但有阳光照射时则误差要大得多。因此，白色房屋是不合适的，无阳光强烈照射时，深色的树林很合适。如果必须采用地形背景下的目标物，则该目标物应位于背景的前方并远离背景，即至少为其离观测点的距离的一半。例如，树林边上的单棵树就不适用于能见度观测。

为使观测值具有代表性，在观测者眼中目标物的对角不应小于 0.5°。对角小于 0.5° 的目标物相比同样环境下的更大一点的物体即使在较短距离下也将变得不可见。

2. 夜间 MOR 值的估计

任何光源都可用作能见度观测的目标物，只要在观测方向上其强度是完全确定的和已知的。然而，通常认为点光源更合乎要求，且其强度在某一特别的方向上并不比在其他方向上大，同时不能限制在一个过小的立体角中。必须注意确保光源的机械性和光学的稳定性。

必须将作为点光源的各个光源与其周围无其他光源和（或）发光区以及发光群区分开来，即使它们之间相互分离。在后一种情况下，其排列会分别影响到作为目标物的每个光源的能见度。在夜间能见度测量中，只能采用呈适当分布的点光源作为目标物。

还应注意到，夜间观测中采用被照亮的目标物，会受到环境照明、目眩的生理效应以及其他光的影响，即使其他光位于视场之外，尤其是隔着窗户进行观测。因此，只有在黑暗的和适当的场地才能得出准确、可靠的观测值。

此外，生理因素的重要性不可忽略，因为它们是观测偏差的主要来源。重要的是只有具有正常视力的合格的观测员才能从事此类观测。另外，必须考虑有一段适应的时间（通常 5~15min），在这段时间内使眼睛习惯于黑暗视场。

出于应用目的，夜间对点光源感觉距离和 MOR 值之间的关系可用两种方式表述：

①对每一个 MOR 值，通过给定发光强度的光，在恰好可见的距离上与 MOR 值之间存在直接对应关系。

②对给定发光强度的光，通过给出对光的感觉距离和 MOR 值之间的相应的关系表述。

因为在不同距离安装不同强度的光源并不是一件容易的事情，第二种关系要更容易和实际。这一方法要求用原本存在的或特意安装在观测站周围的光源，并用这些光源的相应值代入方程中的 I、r、E_t。这样，气象部门可以制定出一份作为背景亮度和已知强度的光源的函数的 MOR 值的表。指定的照度阈值 E_t 明显随周围亮度的变化而变化。考虑作为平均观测者的值，应采用以下各值：

①10-6.0Lux，黎明和黄昏，或当有来自可感觉的人工光源的光时。

②10-6.7Lux，月夜或当天空并不十分黑暗时。

③10-7.5Lux，完全黑暗，或除了星光外无其他光。

3. 缺少远距离目标物时 MOR 值的估计

在某些地方（开阔平原、船舶等），或者因水平视线受限制（山谷或环状地形），或者缺乏适合的能见度目标物，除了相对低的能见度之外直接进行估计是不可能的。在这样的情况下，要是没有仪器方法可采用，MOR 值比已有的能见度目标物更远时就必须根据大气的一般透明度来做出估计。这种估计，可以通过注意那些距离最远的醒目的能见度目标物的清晰程度来进行。如果目标物的轮廓和特征清晰，甚至其颜色也几乎并不模糊，就表明这时的 MOR 值大于能见度目标物和观测员之间的距离。如果能见度目标物模糊或难以辨认，则表明存在使 MOR 值减小的霾或其他大气现象。

（二）仪器法

采取一些假设，可使仪器的测量值转化为 MOR 值。若有大量合适的能见度目标物可用于直接观测，使用仪器进行白天能见度的测量并非总是有利的。然而，对夜间观测或当没有可用的能见度目标物时或对自动观测系统来说，能见度测量仪器是很有用的。用于测量 MOR 值的仪器可分为以下两类：

①用于测量水平空气柱的消光系数或透射因数。光的衰减是由沿光束路径上的微粒散

射和吸收造成的。

②用于测量小体积空气对光的散射系数。在自然雾中，吸收通常可忽略，散射系数可视作与消光系数相同。

1. 测量消光系数的仪器

（1）光度遥测仪器（遥测光度表）

遥测光度表是按白天测量消光系数而设计的，它是通过对远距离目标的视亮度和天空背景的比较来测定的（如 Lohle 遥测光度表）。但是，这类仪器通常不用于日常观测，因为正如前面所述，白天最好是直接目测。然而，发现这类仪器对超过最远目标物的 MOR 值进行外推是有用的。

（2）目测消光表

目测消光表是一种用于夜间观测远距离发光体的非常简单的仪器。它使用标度的中性滤光器按已知比例削弱光线，并能调节使远距离发光体恰好能见。仪器读数给出发光体与观测员之间空气透明度的测量，由此可以计算出消光系数。观测的总的准确度，主要取决于观测员眼睛敏感度的变化以及光源辐射强度的波动，误差随 MOR 值成比例增加。

此仪器的优点是，仅须使用合适分布的 3 个发光体，就能以合理的准确度测定 100m 至 5km 距离上的 MOR 值，但是如果没有这样的仪器，若要达到同等水平的准确度，则需要较复杂的一组光源。然而使用此类仪器的方法（决定光源出现或消失的点）相当大地影响测量的准确度和均匀性。

（3）透射表

透射表是通过在发射器和接收器之间测量水平空气柱的平均消光系数的最普通的方法，发射器提供一个经过调制的定常平均功率的光通量源，接收器主要由一个光检测器组成（一般是在一个抛物面镜或透镜的焦点上放置一个光电二极管）。最常使用的光源是卤灯或氙气脉冲放电管。调制光源以防来自太阳光的干扰。透射因数由光检测器输出决定，并据此计算消光系数和 MOR 值。

因为透射表估计 MOR 值是根据准直光束的散射和吸收导致光的损失的原理，所以它们与 MOR 值的定义紧密相关，一个优良的、维护好的透射表在其最高准确度范围内工作时对 MOR 的真值能给出非常好的近似值。

2. 测量散射系数的仪器

大气中光的衰减是由散射和吸收引起的。工业区附近出现的污染物、冰晶（冻雾）或尘埃可使吸收项明显增强。然而，在一般情况下，吸收因子可以忽略，而经由水滴反射、折射或衍射产生的散射现象构成降低能见度的因子。故消光系数可认为和散射系数相等。

因此，用于测量散射系数的仪器可用于估计 MOR 值。

测量通常通过把一束光汇聚在小体积空气中，以光度测量的方式确定在充分大的立体角和并非临界方向上的散射光线的比例，从而使散射系数的测量可方便地进行。假定已把来自其他来源的干扰完全屏蔽掉或这些光源已受到调制，则这种类型的仪器在白天和夜晚就都能使用。散射系数 b 可以写成如下形式的函数：

$$b = \frac{2\pi}{\varphi_v} \int_0^\pi I(\varphi) \sin(\varphi) \mathrm{d}\varphi \qquad (3-15)$$

式中：φ_v ——进入空气体积 V 中的光通量。

$I(\varphi)$ ——与入射光成 φ 角方向上散射光的强度。

应注意 b 的准确测定要求对从各个角度射出的散射光进行测量和积分，实际的仪器是在一个限定角度内测量散射光并基于在限定积分和全积分之间的高度相关性。

在这些仪器中使用了三种测量方法：后向散射、前后散射和在一个宽角度内的散射的积分。

二、污染源监测

（一）概述

空气污染的发生源主要来自工业企业、生活炉灶和交通运输等方面。污染源分为固定污染源和流动污染源。固定污染源指烟道、烟囱、设备排气筒等一般不移动的污染源。其排放的废气中既可能包含固态的烟尘和粉尘，也可能包含气态和气溶胶态的多种有害物质。如发电厂的燃煤烟囱，钢铁厂、水泥厂、炼铝厂、有色金属冶炼厂、磷肥厂、硝酸厂、硫酸厂、石油化工厂、化学纤维厂的大工业烟囱等。流动污染源是指极具移动性的机动车、火车（柴油机车）、拖拉机、飞机和轮船等交通运输工具，其排放的废气中含有二氧化碳、碳氢化合物、氮氧化物和烟尘等污染物。

污染源监测的目的：一是监督性监测，即定期检查污染源排放废气中的有害物质含量是否符合国家规定的大气污染物排放标准的要求；二是研究性监测，对污染源排放污染物的种类、排放量、排放规律进行监测，有利于查清空气污染的主要来源，探讨空气污染发展的趋势，制定污染控制措施，改善环境空气质量。

污染源监测的内容：排放到废气中有害物质的浓度（mg/m^3）、有害物质的排放量（kg/h）、废气排放量（m^3/h）。

与环境空气质量监测相比，污染源排放的废气中有害物质浓度高、排放量大，因此监测过程中采样方法和分析方法与环境空气质量监测有一定的差异。

（二）固定污染源监测

1. 采样时间和频次

污染源监测的采样时间由烟道、排气管等污染源运行过程的操作条件决定。采样期必须贯穿一个完整的运行操作过程，采样次数和采样时间可参见表3-1。测定值应取操作时间内几次采样测定值的平均值。如果污染源一个完整的运行操作过程的持续时间过长，则应选择一个能代表运行操作过程的时间作为采样期。对于操作周期不明显的运行操作过程，应将某工作进行状态的持续作为采样期。

表3-1　固定污染源监测采样次数及采样时间

一次操作过程的采样次数（次）	每次采样时间（min）
2	>60
3	40～60
4	20～40
5	20

2. 采样位置选择及采样点布设

（1）采样位置选择

①采样位置应选在气流分布均匀稳定的平直管段上，避开弯头、变径管、三通管及阀门等易产生涡流的阻力构件，并优先选择垂直管道。

②按照废气流向将采样断面设在阻力构件下游方向大于6倍管道直径处或上游方向大于3倍管道直径处。

③若客观条件难于满足②的要求，则要求采样断面与阻力构件的距离不小于管道直径的1.5倍，并适当增加测点数目。

④采样断面气流流速最好在5m/s以下。

（2）采样点布设及点数确定

①圆形烟道

在选定的采样断面上设两个相互垂直的采样孔。按照图3-1所示的方法将烟道断面分成一定数量的同心等面积圆环，沿着两个采样孔中心线设四个采样点。若采样断面上气流速度较均匀，可设一个采样孔，采样点数减半。当烟道直径小于0.3m，且流速均匀时，可在烟道中心设一个采样点。不同直径圆形烟道的等面积环数、采样点数及采样点距烟道内壁的距离见表3-2。

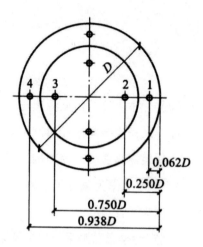

图 3-1 圆形烟道采样点设置

表 3-2 圆形烟道分环、测点数确定及各测点距烟道内壁的距离

烟道直径（m）	等面积分环数	测点数	各监测点距烟道内壁距离（以烟道直径 D 计）									
			1	2	3	4	5	6	7	8	9	10
<0.3	0	1	0.5									
0.3~0.6	1~2	2~8	0.146	0.853								
0.6~1	2~3	4~12	0.067	0.25	0.75	0.933						
1~2	3~4	6~16	0.044	0.146	0.294	0.704	0.854	0.956				
2~4	4~5	8~20	0.033	0.105	0.194	0.323	0.677	0.806	0.895	0.967		
>4	5	10~20	0.026	0.082	0.146	0.226	0.342	0.658	0.774	0.854	0.918	0.974

②矩形烟道

将烟道断面分成一定数目的等面积矩形小块，各小块中心即为采样点位置，如图 3-2 所示。小矩形的数目根据烟道断面面积参照表 3-3 确定。小矩形面积一般不应超过 $0.6m^2$。

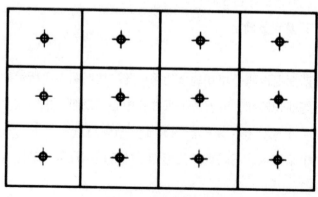

图 3-2 矩形烟道采样点设置

表 3-3　矩形烟道的分块和测点数

烟道断面（m）	等面积小块长边长度（m）	等面积小块数	测点数
<0.1	<0.32	1	1
0.1~0.5	<0.35	1~4	1~4
0.5~1	<0.50	4~6	4~6
1~4	<0.67	6~9	6~9
4~9	<0.75	9~16	9~16
>9.0	≤1	16~20	16~20

③拱形烟道

拱形上部按圆形布点，拱形下部按矩形烟道布点，分别确定采样点的位置及数目，如图 3-3 所示。

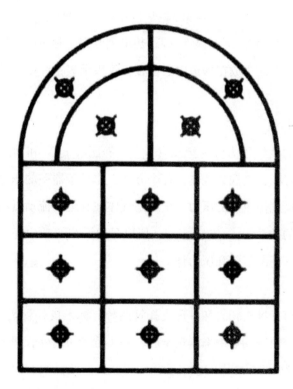

图 3-3　拱形烟道采样点设置

（3）烟道采样注意事项

①水平烟道内积灰时应将积灰部分的面积从断面内扣除，按有效面积设置采样点。

②为使测压管和采样管能到达各采样点位置，可开凿采样孔，一般开两个互成 90°的孔，最多开四个孔，应尽可能少开凿采样孔，采样孔直径不小于 75mm。

③采集有毒或高温烟气时，若采样点处烟气呈正压，则采样孔应设置防喷装置。

3. 基本状态参数测定

烟气基本状态常数包括烟气体积、温度和压力，依据这些参数可以计算烟气流速、烟尘浓度和有害物质含量。其中，烟气体积等于采样流量与采样时间的乘积，采样流量等于测点烟道断面与烟气流速的乘积。

（1）烟气温度测量

①直径小，温度不高的烟道或排气管

用长杆水银温度计测量，要求温度计的精确度应不低于 2.5%，最小分度值应不大于 2℃。将温度计球部放在烟道中心位置，等水银柱不再上升时开始读数，读数时不要将温度计抽出烟道外。

②直径大、温度高的烟道

用示值误差不大于 ±3℃ 的热电偶测温毫伏计测量。烟气温度在 800℃ 以下用镍铬-康铜热电偶测量，在 1 300℃ 以下用镍铬-镍铝热电偶测量，在 1 600℃ 以下用铂-铂铑热电偶测量。测量时，将感温探头放在烟道中心位置，等指示表指针或显示器数值不变动时立即读数。

（2）烟气压力测量

烟道及排气管的烟气压力分为全压（p_t）、静压（p_s）和动压（p_d）。静压是单位体积气体所具有的势能，表现为气体在各个方向上作用于器壁的压力。动压是单位体积气体具有的动能，是使气体流动的压力。全压是气体在管道中流动具有的总能量。在管道中任意一点上，三者的关系为：$p_t = p_s + p_d$，所以只要测出三项中任意两项，即可求出第三项。测量烟气压力常用测压管和压力计。

①测压管

常用的测压管有标准皮托管和 S 形皮托管两种。标准皮托管是一根弯成 90° 的双层同心圆管，其开口端与内管相通用来测量全压，在靠近管头的外管壁上开有一圈小孔用来测量静压。S 形皮托管由两根相同的金属管并联组成，其测量端有两个大小相等、方向相反的开门，测量烟气压力时，一个开口面向气流，接受气流的全压，另一个开口背向气流，接受气流的静压。标准皮托管测量精度较高，但测孔小、易被烟尘堵塞，只适用于测量含尘量少的烟气。S 形皮托管开口较大，适用于测量烟尘含量较高的烟气，但易受气体绕流影响使静压实测值常比实际值小，使用前必须用标准皮托管进行校正。

②压力计

常用的压力计有 U 形压力计和斜管式微压计。U 形压力计是一个内装工作液体的 U 形玻璃管，使用时将断端或一端与测压系统连接，测得的压力（p）用下式计算：

$$p = \rho \cdot g \cdot h \qquad (3\text{-}16)$$

式中：p——测得的压力（P_a），若压力单位为毫米汞（水）柱，则 $p = \rho \cdot h$。

$\qquad \rho$——工作液体的密度（kg/m^3）。

$\qquad g$——重力加速度（m/S^2）。

$\qquad h$——两液面高度差（m）。

倾斜式微压计由一截面积（F）较大的容器与另一截面积（f）较小的带有刻度的倾斜玻璃管组成，容器内装工作溶液，玻璃管上的刻度表示压力读数。测压时，将微压计容器开口与测压系统中压力较高的一端相连，斜管与压力较低的一端相连，作用在两个液面上的压力差使液柱沿斜管上升，测得压力（p）按下式计算：

$$p = L\left(\sin\alpha + \frac{f}{F}\right) \cdot \rho \cdot g \qquad (3\text{-}17)$$

式中：L——斜管内液柱长度（m）。

$\qquad \alpha$——斜管与水平面夹角（°）。

$\qquad f$——斜管截面积（mm^2）。

$\qquad F$——容器截面积（mm^2）。

$\qquad \rho$——工作溶液密度（kg/m^3），常用乙醇（$\rho = 0.81$）。

③测定方法

先调整仪器到水平状态，再设法使液柱内无气泡，将液面调节至零点，然后将皮托管与压力计连接在一起，把测压管的测压口伸进烟道的内测点上，并对准气流方向，从 U 形压力计上读出液面差，或从微压计上读出斜管液柱长度，按相应公式计算测得压力。

（3）烟气流速与流量计算

①烟气流速（V_s）计算

根据某采样点测得的烟气温度，压力等参数后，按下式计算各测点的烟气流速（V_s）：

$$V_s = K_p\sqrt{\frac{2p_d}{\rho_s}} = 128.9 K_p\sqrt{\frac{(273 + t_s)\,p_d}{M_s(B_s + p_s)}} \qquad (3\text{-}18)$$

式中：V_s——湿排气的气体流速（m/s）。

$\qquad K_p$——皮托管修正系数。

$\qquad p_d$——排气动压（Pa）。

$\qquad p_s$——排气静压（Pa）。

$\qquad B_a$——大气压（Pa）。

$\qquad \rho_s$——湿排气的密度（kg/m^3）。

m_s——湿排气的分子质量（kg/kmol）。

t_s——排气温度（℃）。

②烟道测点断面的平均流速计算

烟道某一断面的平均流速可根据断面上各测点测出的流速 V_{si}，由下式计算：

$$V_s = \frac{\sum\limits_{i=1}^{n} V_v}{n} = 128.9 K_p \sqrt{\frac{(273 + t_s) p_d}{M_s (B_n + p_n)}} \times \frac{\sum\limits_{i=1}^{n} \sqrt{p_{di}}}{n} \qquad (3-19)$$

式中：V_s——烟道测点烟气平均流速（m/s）。

V_{si}——各测点流速（m/s）。

p_{di}——某一测点的动压（Pa）。

n——测点的数目。

其余符号意义同前。

③烟道断面的烟气流量计算

测定状态下烟道断面烟气流量按下式计算：

$$Q_s = 3600 \times \bar{V_s} \cdot S \qquad (3-20)$$

式中：Q_s——烟气流量（m³/s）。

S——烟道测点横截面面积（m²）。

$\bar{V_s}$ 意义同前。

标准状态下的烟道断面的干烟气流量按下式计算：

$$Q_{Nd} = Q_a (1 - X_w) \times \frac{B_a + p_s}{101325} \times \frac{237}{237 + t} \qquad (3-21)$$

式中：Q_{Nd}——标准状态下的干烟气流量（m³/s）。

X_w——烟气含湿量体积百分数（%）；其余符号意义同前。

4. 烟气含湿量测定

与大气相比，烟气中的水蒸气含量较高，变化范围较大，为了便于比较，监测方法规定以除去水蒸气后标准状态下的干烟气表示。含湿量的测定方法有干湿球温度计法、重量法等方法。

（1）干湿球法

干湿球法即干湿球温度计法，就是使气体在一定的速度下流经干、湿球温度计，根据干、湿球温度计的读数和测点处排气压力，计算出排气的水分含量。

测定烟气含水量时，首先检查湿球温度计的湿球表面纱布是否包好，然后将水注入盛水容器中。再打开采样孔，清除孔中的积灰，将采样管插入烟道中心位置，封闭采样孔。当排气温度较低或水分含量较高时，采样管应保温或加热数分钟后再开动抽气泵，以15L/min 流量抽气。当干、湿球温度计读数稳定后，记录干球和湿球温度和真空压力表的压力。

将测定结果代入下式计算烟气含湿量：

$$X_w = \frac{p_{bv} - 0.000\,67(t_c - t_b) \cdot (B_a + p_b)}{B_a + p_c} \times 100 \qquad (3-22)$$

式中：X_w——烟气含湿量体积百分数（%）。

p_{bv}——温度为 t_b 时饱和水蒸气压力（根据 t_b 值，由空气饱和时水蒸气压力表中查得）（Pa）。

t_b——湿球温度（℃）。

t_c——干球温度（℃）。

p_b——通过湿球温度计表面的气体压力（kPa）。

B_a——大气压力（kPa）。

p_s——测点处排气静压（kPa）。

（2）重量法

从烟道采样点抽取一定体积的烟气，使之通过装有吸收剂的吸收管，则烟气中的水蒸气被吸收剂吸收，吸收管的增重即为所采烟气中的水蒸气重量。过滤器可防止烟尘进入采样管，保温或加热装置可防止水蒸气冷凝，U 形玻璃吸湿管装有的氯化钙、氧化钙、硅胶、氧化铝、五氧化二磷或过氯酸镁等吸水剂可吸收烟气水分。烟气含湿量按下式计算：

$$X_w = \frac{1.24G_w}{1.24G_w + V_d \dfrac{273}{273 + t_r} \cdot \dfrac{B_s + p_r}{101.3}} \times 100\% \qquad (3-23)$$

式中：G_w——吸湿管采样后增重（g）。

V_d——测量状态下抽取干烟气体积（L）。

p——流量计前烟气表压（kPa）。

t_r——流量计前烟气温度（℃）。

1.24——标准状态下 1.0g 水蒸气的体积（L）。

5. 烟尘浓度测定

（1）烟尘浓度测定的原理

抽取一定体积烟气通过已知重量的捕尘装置，根据采样前后捕尘装置的重量差和采样体积计算烟尘的浓度。测定烟气烟尘浓度必须采用等速采样法，即烟气进入采样嘴的速度应与采样点烟气流速相等，否则将产生较大的采样误差。

烟尘浓度测定采样分为移动采样、定点采样和间歇采样。移动采样是利用一个尘粒捕集器在已确定的各采样点上进行等时长逐个采样，是测定烟道断面烟尘平均浓度的常用方法。定点采样是分别在断面上的每个采样点采一个样，是了解烟道断面烟尘分布状况和确定烟尘平均浓度的常用采样方法。间歇采样是根据烟道工况变化情况分时段采样，求时间加权平均值，用于了解有周期性变化规律污染源的烟尘排放平均浓度。

（2）采样方法

①预测流速法

在采样前，先测出采样点烟气的温度、压力和水分含量，计算出烟气流速，再结合采样嘴直径计算出等速采样条件下各采样点的采样流量。采样时，通过调节流量调节阀按照计算出的流量采样。

由于预测流速法测定烟气流速与采样不是同时进行的，因而仅适用烟气流速比较稳定的污染源。

②皮托管平行测速采样法

将采样管、S形皮托管和热电偶温度计固定在一起插入同一采样点处，根据预先测得的烟气静压、水分含量和当时测得的烟气动压和温度等参数，结合选用的采样嘴直径，由程序计算器算出等速采样流量，迅速调节转子流量计至所要求的流量读数。该方法与预测流速采样法不同之处在于测定流速和采样几乎同时进行，减小了烟气流速改变所致的采样误差，适用于工况（装置和设施生产运行的状态）易发生变化的烟气。

（3）烟尘浓度计算

①烟尘重量

按重量法测定要求计算滤筒采样前后重量之差 G，即为烟尘重量。

②标准状态下的采样体积

在采样装置流量计前装有冷凝器和干燥器的情况下按下式计算：

$$V_n = 0.003 Q_r \cdot t \sqrt{\frac{R_{ed}(B_a + p_r)}{T_r}} \qquad (3-24)$$

式中：V_n——标准状态下干烟气的采样体积（L）。

Q_r——等速采样流量计应达到的流量值（L/min）。

t——采样时间（min）。

B_a——大气压力（kPa）。

R_{sd}——干烟气的气体常数 [J/（kg·K）]。

p_r——转子流量计前烟气的表压（kPa）。

T_r——流量计前烟气的温度（K）。

③烟尘浓度

采样方法不同，烟尘浓度的计算方法不同。移动采样按下式计算：

$$C = \frac{G}{V_n} \times 10^6 \qquad (3-25)$$

式中：C——烟气中烟尘浓度（mg/m³）。

G——测得烟尘质量（g）。

V_n——标准状态下干烟气体积（L）。

定点采样按下式计算：

$$\bar{C} = \frac{c_1 v_1 S_1 + c_2 v_2 S_2 + \cdots + c_n v_n S_n}{v_1 S_1 + v_2 S_2 + \cdots + v_n S_n} \qquad (3-26)$$

式中：$\bar{C}$——烟气中烟尘平均浓度（mg/m³）。

$v_1, v_2, \cdots, v_n$——各采样点烟气流速（m/s）。

$c_1, c_2, \cdots, c_n$——各采样点烟气中烟尘浓度（mg/m³）。

$S_1, S_2 \cdots, S_n$——各采样点所代表的截面积（m²）。

④烟尘（或气态污染物）排放速率计算

$$q = C \cdot Q_{sn} \cdot 10^{-6} \qquad (3-27)$$

式中：q——排放速率（kg/h）。

C——烟尘（气态污染物）的浓度（kg/m³）。

Q_{sn}——标准状态下干烟气流量（m³/h）。

（三）流动污染源监测（机动车尾气监测）

流动污染源监测的重点是机动车尾气监测。机动车尾气污染物含量与其行驶工况有关，因而机动车在怠速、加速、匀速、减速等不同行驶工况下排放尾气的污染物含量都应测定。其中怠速法试验工况简单，还可以使用便携式仪器来测定一氧化碳和碳氢化合物的含量，因而应用较为广泛。

1. 汽油车怠速工况尾气主要污染物含量的测定

机动车怠速工况是指机动车发动机旋转，而离合器处于结合位置、变速器处于空挡位置、油门踏板与手油门位于松开位置的运转状态。采用化油器供油的机动车，除变速器处于空挡位置外，还要求阻风门处于全开位置。

（1）一氧化碳和碳氢化合物的测定

一般用智能数显非分散红外气体分析仪测定，其中一氧化碳以体积百分含量表示，碳氢化合物以体积比表示。测定时，先将机动车发动机由怠速加速至70%额定转速，维持30s，再降至怠速状态，然后将取样探头（或采样管）插入排气管中维持10s后，再在30s内读取最大值和最小值，其平均值即为测定结果。若为多个排气管，应取各排气管测定值的算术平均值。

（2）氮氧化物的测定

在机动车排气管处用取样管将废气引出（用采样泵），经冰浴（冷凝除水），玻璃棉过滤器（除油坐），抽取到100mL注射器中，然后将抽取的气样经氧化管注入冰乙酸-对氨基苯磺酸-盐酸萘乙二胺吸收显色液中，显色后用分光光度法测定，测定方法同空气中NOx的测定。

2. 柴油车尾气烟度的测定

柴油车排出的黑烟组分复杂，主要是碳的聚合体，还有少量氧、氨、灰分和多环芳烃，其污染状况常用烟度来表征。烟度是指使一定体积烟气透过一定面积的滤纸后滤纸被染黑的程度，单位用波许（Rb）或滤纸烟度（FSN）表示。柴油机车排气烟度常用滤纸式烟度计法测定。

（1）滤纸式烟度计法原理

用一只活塞式抽气泵在规定的时间内从柴油机排气管中抽取一定体积的尾气，让其通过一定面积的白色滤纸，则尾气中的碳粒被阻留附着在滤纸上，将滤纸染黑，尾气烟度与滤纸被熏黑的程度正相关。用光电测量装置测定等强度入射光在空白滤纸和熏黑滤纸上的反射光强度，根据滤纸式烟度计烟度计算公式计算尾气烟度值（以波许烟度单位表示）。规定空白滤纸的烟度为0，全黑滤纸的烟度为10。滤纸式烟度计烟度计算式为：

$$S_f = 10 \times \left(1 - \frac{I}{I_0}\right) \tag{3-28}$$

式中：S_f——波许烟度单位（Rb）。

I——被测烟样滤纸反射光强度。

I_0——洁白滤纸反射光强度。

由于滤纸质量会直接影响烟度测定结果，所以要求空白滤纸色泽洁白、纤维及微孔均匀、机械强度和通气性良好，以保证烟气碳粒能均匀地分布在滤纸上，提高测定精确度。

（2）滤纸式烟度计

滤纸式烟度计由取样探头、抽气装置和光电检测系统组成、当抽气泵活塞上行时，排气管的排气依次通过取样探头、取样软管及一定面积的滤纸被抽入抽气泵，排气中的黑烟被阻留在滤纸上，然后用步进电机将已抽取黑烟的滤纸送到光电检测系统测量，由仪表直接指示烟度值。

第四节 降水与工作场所空气中有害物质监测

一、降水监测

（一）采样点的布设

大气降水监测的目的是了解在降雨（雪）过程中从空气中降落到地面的沉降物的主要组成，某些污染组分的性质和含量，为分析和控制空气污染提供依据。降水采样点设置数目应视研究目的和区域的具体情况确定。采样点的位置要兼顾城区、农村或清洁对照区，要考虑区域的环境特点，如气象、地形、地貌和工业分布等；应避开局部污染源，四周无遮挡雨、雪的高大树木或建筑物。

我国规定，对于常规监测，人口 50 万人以上的城市布 3 个采样点，50 万人以下的城市布 2 个采样点。

（二）降水样品的采集

1. 采样器

采样器可分为降雨和降雪两种类型，容器由聚乙烯、搪瓷和玻璃材质制成。聚乙烯适用于无机项目监测分析，搪瓷和玻璃适用于有机项目。其中降雨采样器按采样方式又可分为人工采样器和自动采样器，前者为上口直径 40cm 的聚乙烯桶，后者带有湿度传感器，降水时自动打开，降水停后自动关闭。降雪采样器可使用上口直径大于 60cm 的聚乙烯桶或洁净聚乙烯塑料布平铺在水泥地或桌面上进行。用塑料布取样时，只取中间 15cm×15cm 范围内雪样，装入采样桶内，在室温下融化。采样器在使用前，用 10%（体积）的 HCl 溶液浸泡 24h 后，再用纯水洗净。

2. 采样方法

（1）采样时间

每次降雨（雪）从开始到结束采集全过程雨（雪）样。如遇连续几天降雨（雪）每天上午 8 时开始至第二天上午 8 时结束，连续采集 24h 为 1 次采样样品。

（2）采样方法

每次降雨（雪）开始，立即将清洁的采样器放置在预定的采样点支架上，采样器要求高于基础面 1.2m 以上；采集全过程（开始到结束）雨（雪）样。

同时，用自动雨量计（由降雨量或降雨强度传感器、变换器和记录仪等组成）测量降雨起止时间、降雨量/降雨强度等参数。

（3）采样记录

①样品采集后，应及时贴上标签，编好号。

②认真记录采样地点、日期、采样起止时间、雨量等采样信息。

3. 样品保存

（1）测定 pH 值和电导率的水样，不过滤直接密封后存放于冰箱中。

（2）测定金属和非金属离子的水样，先用孔径 $0.45\mu m$ 的滤膜过滤后，再密封存放于冰箱中。

（3）测定降水化学组分含量的样品，易发生物理、化学变化及生化反应，应采样后尽快测定。

（4）降水样品如需要保存，尽量不添加保存剂，而采用密封后冰箱保存。

（三）降水组分的测定

1. 测定项目及测定频率

（1）监测项目

①Ⅰ级监测点

Ⅰ级测点即国家环保部设置的监测点，我国《环境监测技术规范》要求其对大气降水例行监测的必测项目应包括 pH 值、电导率、K^+、Na^+、Ca^{2+}、Mg^{2+}、NH_4^+、SO_4^{2-}、NO_2^-、NO_3^-、F^-、Cl^- 等 12 项。

a. pH 值是酸雨调查最重要的项目。清洁的雨水一般被 CO_2 饱和，pH 值为 5.6～5.7，雨水的 pH 值小于该值时即为酸雨。

b. 电导率：雨水的电导率大体上与降水中所含离子的浓度成正比，测定雨水的电导率能够快速推测出雨水中溶解物质的总量。

c. SO_4^{2-}：降水中的 SO 主要来自气溶胶和颗粒物中可溶性硫酸盐及气态 SO_2 经催化氧化形成的硫酸雾，其一般浓度范围为 1~100mg/L。该指标用于反映空气被含硫化合物污染的状况。

d. NH_4^+、NO_2^-、NO_3^-：空气中的氨进入降水中形成 NH_4^+，它们能中和酸雾，对抑制酸雨是有利的。然而，其随降水进入河流、湖泊后，会增加水中富营养化组分。降水中的 NO_2^-、NO_3^- 来源于空气中的 NOx，是导致降水 pH 值降低的原因之一。

e. F^-、Cl^-：降水中 F^- 的含量是反映局部地区氟污染的指标。Cl^- 是衡量空气中的氯

化氢导致降水 pH 值降低和判断海盐粒子影响的标志。

f. K^+、Na^+、Ca^{2+}、Mg^{2+}：Ca^{2+} 是降水中的主要阳离子之一，其浓度一般每升在几毫克至数十毫克，它对降水中酸性物质起着重要的中和作用。而降水中的 K^+、Na^+、Mg^{2+} 的浓度一般每升在几毫克以下。

②Ⅱ、Ⅲ级监测点

Ⅱ、Ⅲ级监测点即省、市监测网络中的监测点，其测定项目及测定频率的选择，可视实际需要和可能决定。

（2）测定频率

我国《环境监测技术规范》要求Ⅰ、Ⅱ、Ⅲ级监测点，大气降水例行监测每月测定不少于 1 次，每月选一个或几个随机降水样品，分析规定的测定项目。

2. 测定方法

大气降水 12 个监测项目的测定方法与普通水样项目的测定方法相同，见表3-4。

表3-4 大气降水水质指标测定方法一览表

项目	测定方法
pH 值	玻璃电极法
电导率	电导率仪法或电导仪法
K^+、Na^+	原子吸收分光光度法、离子色谱法
Ca^{2+}	原子吸收分光光度法
Mg^{2+}	原子吸收分光光度法
NH_4^+	纳氏比色法、离子色谱法
SO_4^{2-}	硫酸钡比浊法、离子色谱法
NO_2^-、NO_3^-	离子色谱法、紫外分光光度法
F^-	离子色谱法、离子选择电极法、氟试剂分光光度法
Cl^-	离子色谱法、硫氰酸汞比色法

二、工作场所空气中有害物质监测

（一）概述

工作场所空气中有害物质监测即职业环境监测，是对工作场所作业者工作环境进行有计划、系统的监测，分析工作环境中有害物质的性质、强度/浓度及其在时间、空间的分布及消长规律。工作场所空气中有害物质监测是职业卫生的重要常规工作，按照《职业病防治法》要求，企业应该根据职业卫生工作规范，定时监测工作场所中的有毒有害因素。通过工作场所空气中有害物质监测，既可以评价工作环境的卫生质量，判断是否符合职业卫生标准要求，也可以估计在此工作环境下劳动的作业者的接触水平，为研究接触反应或效应关系提供基础数据。

工作场所空气中有害物质监测（职业环境监测）属于职业卫生工作中的评价范畴，要做好这项工作，必须有预测、识别的基础。可以通过查阅生产工艺过程，检查原料使用清单，参考其他企业的类似经验，现场查看及倾听作业者反映，结合化学物的毒性资料，初步确定监测对象。不同的工作场所，有毒有害物质的因素是完全不同的。

在《职业病防治法》等相关法律、法规、规章中，国家已经明确规定需要监测的各种因素。凡存在国家有关法律、法规、规章列出的必须监测项目的企业，应向安全监督管理部门申报，并建立监测制度。对未列出的项目，特别是一些化学物质，如企业用量或产量较大，作业者接触人数又较多，且安全性资料并不完整，企业应本着负责的态度，建立自检制度，以避免发生意外。

（二）样品的采集

工作场所空气中的有害物质（化学物质），大多数来源于工业生成过程中逸出的废气和烟尘，一般以气体、蒸气和雾、烟、尘等不同形态存在，有时则以多种形态同时存在于工作场所的空气中。化学物质在空气中以不同形态存在，它们在空气中飘浮、扩散的规律各不相同，需要选用不同的采样方法和采样仪器。合理的工作场所空气中有害物质监测必须考虑采样策略（点的选择，时间的选择、频度等）和采样技术（采样动力、样品收集），根据监测目的、工作场所空气中污染物分布特点及作业者实际接触情况，做相应调整。

1. 采样方式

目前，工作场所空气中有害物质常用的采样方式有个体采样和定点区域采样两种。个体采样是将样品采集头置于作业者呼吸带内，可以用采样动力或不用采样动力（被动扩散），通常采样仪器直接佩戴在作业者身上。定点区域采样是将采样仪器固定在工作场所的某一区域。

（1）个体采样

采样系统与作业者一起移动，能较好地反映作业者的实际接触水平，但对采样动力要求较高，需要能长时间工作且流量要非常稳定的个体采样仪器。因采样泵流量有限或被动扩散能力限制，个体采样不适用于采集空气中浓度非常低的有害物质（化学物质）。

同一工作场所若有许多工种，每一工种的操作都要监测。作业者即使在一个班组或工种作业，受作业者作业习惯、不同作业点停留时间等影响，不同个体间的接触水平差异仍然较大。为了能代表一个班组的作业者的接触水平，同一工种若有许多作业者，应随机选择部分作业者作为采样对象。

（2）定点区域采样

定点区域采样常用于评价工作场所的空气环境质量。由于采样系统固定，未考虑作业者的流动性，定点区域采样难以反映作业者的真实接触水平。以往经验表明，定点区域采样结果与个体采样结果并不一致，两者之间无明显的联系。但可以应用工时法记录作业者在每一采样区域的停留时间，可以根据定点区域采样结果估算作业者的接触水平。

要根据环境监测的不同目的，调整采样策略。通常监测点应设在有代表性的作业者接触有害物质地点，尽可能靠近作业者，又不影响作业者的正常操作。监测点上的采集头应设置在作业者工作时的呼吸带内，一般情况下距离地面 1.5m。

工作场所按产品的生产工艺流程，凡逸散或存在有害物质的工作地点，至少应设置 1 个采样点。一个有代表性的工作场所内有多台同类生产设备时，1~3 台设置 1 个采样点；4~10 台设置 2 个采样点；10 台以上，至少设置 3 个采样点。一个有代表性的工作场所内，有 2 台以上不同类型的生产设备，逸散同一种有害物质时，采样点应设置在逸散有害物质浓度大的设备附近的工作地点；逸散不同种有害物质时，将采样点设置在逸散待测有害物质设备的工作地点。

定点区域采样 1 次采样时间一般为 15min；采样时间不足 15min 时，可进行 1 次以上的采样，按 15min 时间加权平均浓度计算。

2. 样品的采集

依据工作场所空气中有害物质的存在形式，可以分为气体、蒸气和颗粒物两类采集方式。如工作场所空气中两种形式的有害物质同时存在，可以用串联方式，或对采集颗粒物的滤膜进行特别处理，增加其吸附、吸收气体或蒸气中有害物质的功能。在实际工作中，应注意所有采样设备都要符合国家相关规范要求。

此外，在一些特定情况下，可以对工作场所中某一个区域表面的污染程度进行分析，进而评价污染源的污染性质和范围，采取干预措施的效果，估计作业者的接触水平。在评价工作场所空气环境质量上，有时这种方法非常实用。

（1）气体和蒸气采集

气体和蒸气采集有以下几种方式：

①主动采集：通过动力系统，主动收集一定量空气样，富集其中的污染物。

②被动采集：利用被动采样仪器，通过扩散或渗透，吸附有害物质。

③用可与待测物起化学反应的液体吸收，用颜色反映待测物质的量。

④用真空袋或真空容器采集，如惰性塑料袋、玻璃瓶、不锈钢桶等，可以用于无须采

集许多空气样品的无机气体、非活性气体等。

⑤用直读式检测仪直接检测空气中特定的有害物质。

（2）空气中颗粒物的采集

通常用滤膜采集工作场所空气中的颗粒性物质。在选择时，需要注意滤膜应该可以阻挡待测物质，但又不能影响其采样流量。可以选择不同孔径的滤纸（膜），分别采集不同粒径的颗粒物。国内常用的有纤维状滤膜和筛孔状滤膜，前者有定量滤纸、玻璃纤维滤纸、过氯乙烯滤膜等，后者有微孔滤膜和聚氨酯泡沫塑料。

（三）工作场所空气中有害物质的测定

1. 总粉尘浓度的测定

总粉尘是指可进入整个呼吸道（鼻、咽、喉、胸腔支气管、细支气管和肺泡）的粉尘，简称总尘。总粉尘浓度的测定采用滤膜称量法。

分别于采样前和采样后，将滤膜和含尘滤膜置于干燥器内干燥 2h 以上，除静电后，在分析天平上准确称量并记录其质量 m_1 和 m_2，按下式计算总粉尘浓度：

$$C_{总} = \frac{m_2 - m_1}{Q \cdot t} \times 1\ 000 \tag{3-29}$$

式中：$C_{总}$——空气中总粉尘浓度（mg/m^3）。

　　　m_1——采样前的滤膜质量（mg）。

　　　m_2——采样后的滤膜质量（mg）。

　　　Q——采样流量（L/min）。

　　　t——采样时间（min）。

2. 金属、类金属及其化合物测定

工作场所空气中常见的金属、类金属及其化合物主要有 32 类，它们存在的形态主要有单质、氧化物、氢氧化物、无机盐和有机盐类等，其测定分析方法主要有原子吸收光谱法、紫外可见分光光度法、原子荧光光谱法、等离子发射光谱法、电化学分析方法等。

3. 非金属及其化合物测定

工作场所空气中常见的非金属及其化合物主要包括无机含碳化合物、无机含氮化合物、无机含磷化合物、氧化物、硫化物、氟化物、氯化物、碘及其化合物等，其测定分析方法主要有紫外-可见分光光度法、离子色谱法、气相色谱法和离子选择电极分析法等。

4. 有机化合物测定

工作场所空气中有机化合物的监测对象主要包括烷烃类、烯烃类、脂环烃类、芳香烃

类、多环芳香烃类、醇类、脂肪族酮类等 39 类 190 多种有机化合物；有机磷、有机氯、拟除虫菊酯类等 3 类 21 种农药，如六六六、滴滴涕、氟氯氰菊酯等；以及药物类可的松、炔诺孕酮 2 种，炸药类硝化甘油、硝基胍、黑索今、奥克托今 4 种，生物类酶 1 种等。

第五节 空气质量连续自动监测

一、概述

空气污染是由固定污染源和流动污染源共同排放的污染物经扩散而形成的，污染扩散模型是排放量（排放浓度）与时间、空间的函数。因此，空气污染的特点是大范围的，受季节、气候、地形、地物等因素的强烈影响，随时间的推移而变化。为了掌握环境空气污染现状和变化规律，需要对大气环境污染进行长期的、大量的、连续的监测。过去的监测方法中的间歇采样、手工分析已无法满足要求，取而代之的是大气质量自动监测。

二、空气质量连续自动监测系统的组成

空气质量连续自动监测系统由一个中心站、若干个子站组成。环境自动监测系统 24h 连续自动地在线工作，工作内容为获取各种监测数据、数据传输、数据处理。

（一）子站

子站按任务的不同可分为两种，一种是为评价地区整体的大气污染状况设置的，装有大气污染连续自动监测仪（包括校准仪器）、气象参数测量仪和一台环境微机；另一种是为掌握污染源排放污染物浓度等参数变化情况而设置的，装有烟气污染组分监测仪和气象参数测量仪。子站内设有自动采样和预处理系统、环境微机及信息传输系统等。

1. 监测子站的布设

（1）监测子站的数目。空气质量监测，由于各类污染源的分布互相交错，使污染物的空间、时间分布变得十分复杂。监测子站数目的设置，取决于监测网覆盖区域面积、人口数量及分布、污染程度、气象条件和地形地貌等，可根据以下几种方法确定：按人口密度确定；按污染物活性不同确定；按环境标准确定；按统计学置信水平确定。一般来说，应在城市近郊区建立若干个监测子站，在清洁的远郊区建立一个背景子站。

（2）监测子站的位置。监测子站获取的监测数据应能反映一定地区范围内空气污染物浓度水平及其波动范围，故监测子站位置的选择应包括以下地区：预期浓度最高的地区，

人口密度高的、有代表性污染浓度的地区，重要污染源或污染源类型对环境空气污染水平有冲击影响的地区，背景浓度水平地区。

2. 监测项目

（1）气象参数：温度、湿度、风速、风向、大气压、太阳辐射等。

（2）污染物监测项目：SO_2、NO_2、NO、NOx、CO、O_3、H_2S、TSP 或可吸入颗粒物（PM10、PM2.5）、总碳氢化合物、甲烷、非甲烷烃等。

根据各监测子站所处位置不同，所代表的功能区特点不同，选定的监测项目也有所不同。常规必测项目是 SO_2、NO_2、CO、TSP 或可吸入颗粒物（PM10、PM2.5）、温度、湿度、风速、风向、大气压。

3. 采样系统

采样系统分集中采样系统和单独采样系统两种。集中采样系统指在每一子站设置一个总采气管，由抽风机将大气样品吸入，各仪器的采样管均从这一采样管中分别采样，但 TSP 或可吸入颗粒物（PM10、PM2.5）应单独采样。单独采样系统指各监测仪器分别用采样泵采集空气样品。

4. 监测仪器

空气质量自动监测系统的主要硬件设备是空气质量连续监测仪器。要求监测仪器必须具备自动连续运转能力强、灵敏、准确、易维修、维修频次低等特性。常用的空气质量连续监测仪器如下：

（1）脉冲荧光法 SO_2 监测仪（TEModel 43）

该监测仪的监测原理是用脉冲化的紫外光（190~230nm）激发 SO_2 分子，处于激发态的 SO_2 分子返回基态时放出荧光（240~420nm），所放出的荧光强度与 SO_2 的浓度呈线性关系，从而测出 SO_2 的浓度。该监测仪响应快，灵敏度高，且对温度、流量的波动不敏感，稳定性好，作为连续监测仪器较为可靠。

（2）化学发光法 NOx 监测仪（TEModel 14B/E）

该监测仪的原理是：一氧化氮被臭氧氧化成激发态二氧化氮，当其回到基态二氧化氮时放出光量子，其发光强度与二氧化氮的浓度成正比。反应式为：

$$NO + O_3 = NO_2^* + O_2$$

$$NO_2^* = NO_2 + h\nu$$

当测定样品气中的氮氧化物（$NOx = NO + NO_2$）时，必须先将二氧化氮通过催化剂（金属丝网、活性炭、$Mo-Al_2O_3$ 等）还原成一氧化氮，然后再测定。该监测仪采用一氧化氮标准气进行动态校正，不用吸收液，因此可使误差大大减小，在低浓度范围更为准确。

同时反应迅速，很易求得瞬时值，且线性好、范围宽，是一种比较理想的测定方法。

（3）气体过滤器红外光谱 CO 监测仪（TEModel 48）

该监测仪的原理是对非分散红外法的一种改进，采用了气体过滤器的相关技术，基本原理是基于在有其他干扰气体存在下，比较样品气中被测气体红外吸收光谱的精细结构。仪器中装有一个可转动的气体过滤器转轮，此轮一半充入纯 CO，另一半充入纯 N_2。当红外线通过 CO 一侧时，相当于参比光束，采用通过 N_2 一侧时，相当于样品光束，转轮后设有一多次反射光程吸收池（池长 40cm，反射 32 次，光程长 12.8m）保证有足够的灵敏度，气体过滤器转轮按一定频率旋转。此时对吸收池来说，从时间上分割为交替的样品光束和参比光束，可以获得一交变信号，而对干扰气体说，样品光束和参比光束是相同的，可相互抵消。该监测仪的灵敏度好，设备简单，由于采用固态检测器，避免了非色散红外法微量电容检测器易受振动的影响，使仪器运行可靠。

（4）紫外光度法 O_3 监测仪（TEModel 49）

该监测仪的原理是利用 O_3 对紫外光（波长 254nm）的吸收，直接测定紫外光通过 O_3 后减弱的程度，根据吸光度求出 O_3 浓度。该监测仪设备简单，无试剂"气体"消耗。

（5）气相色谱（FID）法及光离子化（PID）法非甲烷烃监测仪

①氢火焰离子化气相色谱：空气样品先经色谱柱分离成甲烷及非甲烷烃两个峰，用 FID 先测流出的甲烷，再测反吹出的非甲烷烃，反应周期约 5min，仪器有内装的微处理机，用户可自行编制程序来完成分析过程，并可随时进行基线校正、积分值的计值等。气相色谱法的主要问题是精度较差，作为连续监测仪器需要较多的维护。

②光离子化检测器：即以高强度的紫外光作为激发源，紫外光照射到被测定的烃类化合物上产生电离，用离子检测器测定电离强度即可求出烃类的浓度。该法的主要问题是所选用的紫外光源只能对 C4 以上的烃类产生电离，C4 以下的烃不产生电离。但该法的主要优点是无须色谱柱分离，也不需要氢气源，仪器非常简单。

（6）可吸入颗粒物连续监测仪（PM10、PM2.5）

光散射可吸入颗粒物浓度计的设计原理是使一束平行可见光通过含可吸入颗粒物的大气，由于光线受到粒子的阻挡而发生光散射现象，其散射光强度的变化与可吸入颗粒物的浓度成定量关系。因此，当仪器用标样标定后，即可直接显示可吸入颗粒物的浓度值。

此外，可吸入颗粒物测定仪器还有 β 射线可吸入颗粒物测定仪、压电石英晶体可吸入颗粒物测定仪。现在许多监测站采用具有 10μm 切割机的大容量采样器 24h 连续取样，经手工分析后再将数据输入计算机存储。

5. 校准系统

校准系统包括校正监测仪器零点、量程的零气源和标准气气源（如标准气发生器、标准

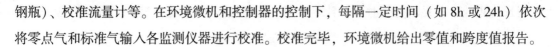

钢瓶）、校准流量计等。在环境微机和控制器的控制下，每隔一定时间（如 8h 或 24h）依次将零点气和标准气输入各监测仪器进行校准。校准完毕，环境微机给出零值和跨度值报告。

6. 子站数据处理和传送

子站环境微机及时采集大气污染监测仪的测量数据，将其进行处理和存储。各子站的数据收集和监测仪器工作的控制是由一台微机进行的。它每 0.1s 从各数据通道读一次监测数据，每半秒做 1 次半秒平均，每秒做 1 次秒平均。以后，每 10s 又对秒平均做 1 次平均，每分钟又对 10s 平均做平均，然后再做 5min 平均。所有的 5min 平均值都保存起来，准备传输给中心站。

子站环境微机的工作方式有两种：一是被动工作，二是自主工作。当中心站的计算机运行正常时，子站环境微机受控于中心站计算机而运行，称为被动工作。此时中心站每隔 5min 向各监测子站自动发出指令，各子站接到指令后，向中心站传送回 5min 内各监测仪器测得的平均数据。受中心站命令，子站可以重发某时的数据或随时抽检保存在子站的某些数据。当子站设备的运行状态，环境状况出现异常时，如氢焰灭火、站房温度升高等，子站向中心站发回状态信息及报警信号，以便中心站及时掌握调整。当中心站的计算机或通信系统出现故障时，为使数据不丢失，子站微处理机承担起就地控制运行，收集和存储数据等功能，待中心站或通信设备正常后，再集中地把中心站未收集到的数据传输回去，称为子站自主工作。子站微处理机可存储 16h 每 5min 数据，无论子站或中心站，通信设备故障不超过 16h，数据不会丢失。

（二）中心站

中心站是整个系统的心脏，它是所有测量数据收集、存储、处理、输出、控制系统和其他科研计算的中心。整个大气污染连续自动监测系统的可靠性和效能，中心站是关键。为了确保数据收集和进行较多的科研计算和管理，采用两台计算机，其中一台作主机与系统相连，在线运行；一台作辅机进行计算管理。当主机发生故障，辅机可代替运行。其运行方式为：

1. 由中心站定时向各子站轮流发出询问信号，各子站按一定格式依次发送回数据，对数据进行差错校验及纠正。有疑问时可指令子站重发，具有随机查询子站实时数据并收集子站运行状态的功能。

2. 对数据进行存储、处理、输出。定时收集各子站的监测数据并进行处理，打印各种报表，绘制各种图形；建立数据库，完成各种数据的存储。

3. 对全系统运行的实时控制。包括：通信控制；对子站监测仪器操作的控制，如校零、校跨度、控制开关、流量等；对污染源超标排放时的警戒控制。

第四章　土壤环境与危险废物监测

第一节　土壤环境质量监测方案

一、土壤概述

（一）土壤的组成

土壤是指陆地地表具有肥力并能生长植物的疏松表层。土壤介于大气圈、岩石圈、水圈和生物圈之间，是环境中特有的组成部分。地球的表面是岩石圈，表层的岩石经过风化作用，逐渐破坏成疏松的、大小不等的矿物颗粒，称为母质。土壤是在母质、生物、气候、地形和时间等多种成土因素综合作用下形成和演变而成的。土壤由矿物质、动植物残体腐解产生的有机物质、生物、水分和空气等固、液、气三相组成。

1. 土壤矿物质的组成

土壤矿物质是组成土壤的基本物质，约占土壤固体部分总重量的90%，有土壤骨骼之称。土壤矿物质的组成和性质直接影响土壤的物理性质和化学性质。土壤矿物质元素的相对含量与地球表面岩石圈元素的评价含量及其化学组成相似。土壤是由不同粒级的土壤颗粒组成的。土壤粒径的大小影响着土壤对污染物的吸附和解吸能力。例如，大多数农药在黏土中的累积量大于砂土，而且在黏土中结合紧密不易解吸。

2. 土壤有机质

土壤有机质也是土壤形成的重要基础，它与土壤矿物质共同构成土壤的固相部分。土壤有机质绝大部分集中于土壤表层。在表层（0~15cm 或 1~20cm）土壤有机质一般只占土壤干重量的 0.5%~3%。土壤有机质是土壤中含碳有机化合物的总称，由进入土壤的植物、动物、生物残骸以及施入土壤中的有机肥料经分解转化逐渐形成的，通常分为非腐殖质和腐殖物质两类。非腐殖物质包括糖类化合物（如淀粉、纤维素等）、含氮有机化合物及有机磷和有机硫化合物，一般占土壤有机质总量的 10%~15%。腐殖物质指植物残体中稳定性较强的木质素及其类似物，在微生物作用下部分被氧化形成的一类特殊的高分子聚合物，具有芳香族结构，含有多种功能团，如羧基、羟基、甲氧基及氨基等，具有表面吸附、离子交换、络合、缓冲、氧化还原作用及生理活性等性能。

3. 土壤生物

土壤生物是土壤有机质的重要来源，对进入土壤的有机污染物的降解及无机污染物如重金属的形态转化起着主导作用，是土壤净化功能的主要贡献者，包括微生物（细菌、真菌、放线菌、藻类等）及动物（原生动物、蚯蚓、线虫类等）。

4. 土壤水和空气

土壤水是土壤中各种形态水分的总称，是土壤的重要组成部分。它对土壤中物质的转化过程和土壤形成过程起着决定作用。土壤水实际是含有复杂溶质的稀溶液，因此，通常将土壤水及其所含溶质称为土壤溶液。土壤溶液是植物生长所需水分和养分的主要供给源。

土壤空气是存在于土壤中气体的总称，是土壤的重要组成部分。土壤空气组成与土壤本身的特性相关，也与季节、土壤水分、土壤深度条件相关，如在排水良好的土壤中，土壤空气主要来源于大气，其组分与大气基本相同，以氮、氧和二氧化碳为主；而在排水不良的土壤中氧含量下降，二氧化碳含量增加。

（二）土壤背景值

土壤背景值又称土壤本底值，代表一定环境单元中的一个统计量的特征值。背景值指在各区域正常地理条件和地球化学条件下元素在各类自然体（岩石、风化产物、土壤、沉积物、天然水、近地大气等）中的正常含量。背景值这一概念最早是地质学家在应用地球化学探矿过程中引出的。在环境科学中，土壤背景值是指在区域内很少受到人类活动影响和未受或未明显受现代工业污染与破坏的情况下，土壤原来固有的化学组成和元素含量水平。

土壤背景值按照统计学的要求进行采样设计和样品采集，分析结果经分布类型检验，确定其分布类型，以其特征值表达该元素本底值的集中趋势，以一定的置信度表达该元素本底值的范围。

在环境科学中，土壤背景值是评价土壤污染的基础，同时也可作为污染途径追踪的依据。

（三）土壤污染

土壤污染是指生物性污染物或有毒有害化学性污染物进入土壤后，引起土壤正常结构、组成和功能发生变化，超过了土壤对污染物的净化能力，直接或间接引起不良后果的现象。

1. 土壤污染的来源与种类

土壤中污染物的来源有两类，一类是自然源，主要是自然矿床风化、火山灰、地震等；另一类是人为污染源，主要包括固体废弃物（城市垃圾、工业废渣、污泥、尾矿等）、施肥、农药喷施、污水灌溉、大气沉降等。

污染物的种类包括无机污染物和有机污染物。无机污染物有重金属（汞 Hg、镉 Cd、铅 Pb、铬 Cr、镍 Ni、铜 Cu、锌 Zn）、非金属（砷 As、硒 Se）、放射性元素（铯 137Cs、锶 90Sr）；有机污染物包括有机农药、酚类、氰化物、石油、苯并 [a] 芘、有机洗涤剂。

2. 土壤污染的特性

由于"三废"物质、化学物质、农药、微生物等进入土壤并不断累积，引起土壤的组成、结构和功能发生改变，从而影响植物的正常生长和发育，以致在植物体内积累，使农产品的产量与质量下降，最终影响人体健康。

（1）隐蔽性和滞后性

从开始污染到导致后果，有一段很长的间接、逐步、积累的隐蔽过程，如日本的"镉米"事件。土壤污染从产生污染到出现问题通常会滞后较长时间。

（2）持久性和难恢复性

污染物质在土壤中并不像在大气和水中那样容易扩散和稀释，土壤一旦被污染后很难恢复，土壤的污染和净化过程需要相当长的时间。尤其是重金属的污染是不可逆的过程，现今治理技术十分有限。

（3）判定难

到目前为止，国内外尚未确定类似于水和大气污染判定标准的土壤污染判定标准。

3. 土壤污染的类型

土壤污染的类型按照污染物进入土壤的途径可分为水质污染型、大气污染型、农业污染型、固体废弃物污染型和生物污染型。

（1）水质污染型

是指用工业废水、城市污水和受污染的地表水进行农田灌溉，使污染物质随水进入农田土壤而造成的污染。其特点是污染物集中于土壤表层，但随着污灌时间的延长，某些可溶性污染物可由表层渐次向下渗透。

（2）大气污染型

是指空气中各种颗粒沉降物（如镉、铅、砷等）和气体，自身降落或随雨水沉降到土

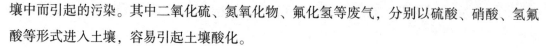

壤中而引起的污染。其中二氧化硫、氮氧化物、氟化氢等废气，分别以硫酸、硝酸、氢氟酸等形式进入土壤，容易引起土壤酸化。

（3）农业污染型

是指农田中大量施用化肥、农药、有机肥以及农用地膜等造成的污染。如六六六、滴滴涕等在土壤中的长期残留；氮、磷等化肥在土壤中累积或进入地下水，成为潜在的环境污染物；农用地膜难以分解，在土壤中形成隔离层。

（4）固体废弃物污染型

是指垃圾、污泥、矿渣、粉煤灰等固体废弃物的堆积、掩埋、处理过程中造成的污染。这种污染属于点源型土壤污染，其污染物的种类和性质都比较复杂。

（5）生物污染型

是指一个或几个有害的生物种群，从外界环境侵入土壤，大量繁衍，破坏原来的动态平衡，对人体健康产生不良影响。造成土壤生物污染的污染物主要是未经处理的粪便、垃圾、城市生活污水、饲养场和屠宰场的污物等。其中危险性最大的是传染病医院未经消毒处理的污水和污物。

（四）土壤环境监测的目的和特点

1. 土壤环境监测的目的

土壤环境监测是环境监测的重要内容之一，其目的是查清本底值，监测、预报和控制土壤环境质量。根据监测目的，土壤环境监测可分为以下几类。

（1）土壤环境质量监测

是指为了判断土壤的环境质量是否符合相关标准的规定而进行的监测，判断土壤是否被污染以及污染程度、状况，预测发展变化趋势。例如，我国颁布的《土壤环境质量 农用地土壤污染风险管控标准（试行）》（GB 15618-2018）、《农产品安全质量无公害蔬菜/水果产地环境要求》（GB/T18407.1/2-2001）、《无公害食品茶叶产地环境条件》（NY 5020-2001）等，根据各类标准的要求对土壤环境质量状况做出判断。同时，也可根据相关标准判断是否适于用做无公害农产品、绿色食品或有机食品生产基地。

（2）土壤背景值调查

是指通过测定土壤中元素的含量，确定这些元素的背景水平和变化。土壤背景值是环境保护的基础数据，是研究污染物在土壤中变迁和进行土壤质量评价与预测的重要依据，同时为土壤资源的保护和开发、土壤环境质量标准的制定以及农林经济发展提供依据。

（3）土壤污染监测

是指对土壤中各种金属、有机污染物、农药与病原菌的来源，污染水平及积累、转移或降解途径进行的监测活动。土壤污染的优先监测应是对人群健康和维持生态平衡有重要影响的物质。如汞、镉、铅、砷、铜、镍、锌、硒、铬、硝酸盐、氟化物、卤化物等元素或无机污染物；石油、有机磷和有机氯农药、多环芳烃、多氯联苯、三氯乙醛及其他生物活性物质；由粪便、垃圾和生活污水引入的传染性细菌和病毒等。土壤污染监测是长期的、常规性的动态监测，其监测结果对掌握土壤质量状况、实施土壤污染控制防治途径和质量管理有重要意义。

（4）土壤污染事故监测

是指对废气、废水、废液、废渣、污泥以及农用化学品等对土壤造成的污染事故进行的应急监测。需要调查引起事故的污染物来源、种类、污染程度及危害范围等，为行政主管部门采取对策提供科学依据。

2. 土壤环境监测的特点

由于土壤组成的复杂性和种类的多样性，以及人类对土壤认识的局限性等给土壤污染监测工作带来了许多困难。与大气、水体污染监测相比，土壤监测具有独自的特点。

（1）复杂性

当污染物进入土壤后，其迁移、转化受到土壤性质的影响，将表现出不同的分布特征，同时土壤具有空间变异性特征，因此，土壤监测中采集的样品往往具有局限性。如当污水流经农田时，污染物在其各点分布差异很大，采集的样品代表性较差，所以，样品采集时必须尽量反映实际情况，使采样误差降低至最小。

（2）频次低

由于污染物进入土壤后变化慢，滞后时间长，所以采样频次低。

（3）与植物的关联性

土壤是植物生长的主要环境与基质，是自然界食物链循环的基础，因此在土壤污染监测的同时，还要监测农作生长发育是否受到影响以及污染物的含量水平。

二、土壤环境质量监测方案

制订土壤环境质量监测方案首先要根据监测目的进行调查研究，收集相关资料，在综合分析的基础上合理布设采样点，确定监测项目和采样方法，选择监测方法，建立质量保证程序和措施，提出监测数据处理要求，并安排实施计划。下面结合《土壤环境质量 农用地土壤污染风险管控标准（试行）》（GB15618-2018）和《农田土壤环境质量监测技术规范》（NY/T395-2012）有关内容展开介绍。

（一）监测目的

1. 土壤质量现状监测

监测土壤质量的目的是判断土壤是否被污染及污染状况，并预测其发展变化趋势。

2. 土壤污染事故监测

污染物对土壤造成污染，或者使土壤结构与性质发生了明显变化，或者对作物造成了伤害，因此需要调查分析主要污染物，确定污染的来源、范围和程度，为行政主管部门采取对策提供科学依据。

3. 污染物土地处理的动态监测

在土地利用和处理过程中，许多无机污染物和有机污染物质被带入土壤，其中有的污染物质残留在土壤中，并不断积累，需要对其进行定点长期动态监测。这样既能充分利用土地的净化能力，又能防止土壤污染，保护土壤生态环境。

4. 土壤背景值调查

通过分析测定土壤中某些元素的含量，确定这些元素的背景值水平和变化情况，了解元素的丰缺和供应状况，为保护土壤的生态环境、合理施用微量元素及地方病病因的探讨与防治提供依据。

（二）资料的收集

广泛地收集相关资料，包括自然环境和社会环境方面的资料。

1. 自然环境方面的资料

包括土壤类型、植被、区域土壤元素背景值、土地利用、水土流失、自然灾害、水系、地下水、地质、地形地貌、气象等，以及相应的图件（如土壤类型图、地质图、植被图等）。

2. 社会环境方面的资料

包括工农业生产布局、工业污染源种类及分布、污染物种类及排放途径和排放量、农药和化肥使用状况、污水灌溉及污泥施用状况、人口分布、地方病等及相应图件（如污染源分布图、行政区划图等）。

（三）监测项目

土壤监测项目应根据监测目的确定。背景值调查研究是为了了解土壤中各种元素的含量水平，要求测定项目多。污染事故监测仅测定可能造成土壤污染的项目。土壤质量监测测定影响自然生态和植物正常生长及危害人体健康的项目。

我国《土壤环境质量 农用地土壤污染风险管控标准（试行）》规定监测重金属类、农药类及 pH 值共 11 个项目。《农田土壤环境质量监测技术规范》将监测项目分为 3 类，即规定必测项目、选择必测项目和选测项目。规定必测项目为《土壤环境质量 农用地土壤污染风险管控标准（试行）》要求测定的 11 个项目。选择必测项目是根据监测地区环境污染状况，确认在土壤中积累较多、对农业危害较大、影响范围广、毒性较强的污染物，具体项目由各地根据实际情况自己确定。选择项目指新纳入的在土壤中积累较少的污染物，由于环境污染导致土壤性状发生改变的土壤性状指标和农业生态环境指标。选择必测项目和选测项目，包括铁、锰、总钾、有机质、总氮、有效磷、总磷、水分、总硒、有效硼、总硼、总钼、氟化物、氯化物、矿物油、苯并 [a] 芘、全盐量。

（四）监测方法

包括土壤样品预处理和分析测定方法两部分。分析测定方法常用原子吸收分光光度法、分光光度法、原子荧光法、气相色谱法、电化学分析法及化学分析法等。电感耦合等离子体原子发射光谱（ICP-AES）分析法/X 射线荧光光谱分析法、中子活化分析法、液相色谱分析法及气相色谱-质谱（GC-MS）联用法等近代分析方法在土壤监测中也已应用。

第二节　土壤样品的采集与制备

一、调查

为了使所采集的样品具有代表性，使监测结果能表征土壤污染的实际情况，监测前首先应进行污染源、污染物的传播途径、作物生长情况和自然条件等调查研究，搞清污染土壤的范围、面积，为采样点的合理布局奠定基础。

二、样品的采集

采集样品时一定要保证样品具有代表性。

由于土壤具有不均一特性，所以采样时很易产生误差，通常取若干点后组成多点混合样品，混合样品组成的点越多，其代表性越强。另外，因为土壤污染具有时空特性，应注意采样时间、采样区域范围、采样深度等。

（一）布点方法

1. 当污染源为大气点污染源时，可参照大气污染监测中有关布点内容

如：当主导风向明显时采用扇形布点法，以点源在地面射影为圆点向下风向画扇形，以射线与弧交点作为采样点；如果主导风向不明显，那么用同心圆布点法，以排放源在地面射影为圆心做同心圆，以射线与弧交点作为采样点。

2. 当污染源为面源污染（非点源污染）时，一般采用网格布点法

（1）对角线布点法：该法适用于面积小、地势平坦的受污水灌溉的田块。布点方法是由田块进水口向对角线引一斜线，将此对角线三等分，取它们的中央点作为采样点。但由于地形等其他情况，也可适当增加采样点。

（2）梅花形布点法：该法适用于面积较小、地势平坦、土壤较均匀的田块，中心点设在两对角线相交处，一般设 5~10 个采样点。

（3）棋盘式布点法：适宜于中等面积、地势平坦、地形开阔，但土壤较不均匀的田块，一般设 10 个以上采样点。此法也适用于受固体废物污染的土壤，因为固体废物分布不均匀，应设 20 个以上采样点。

（4）蛇形布点法：这种布点方法适用于面积较大、地势不很平坦、土壤不够均匀的田块。布设采样点数目较多。

（二）采样深度

采样深度依监测目的确定。如果只是一般了解土壤的污染状况，只须采集表层土 0~20cm 即可。但如果需要了解土壤污染深度，或者想研究污染物在土壤中的垂直分布与淋失迁移情况，那么需分层采样。如 0~20cm、20~40cm、40~60cm 分层取样。分层采样可以采用土钻，也可挖剖面采样。采样时应由下层向上层逐层采集。首先挖一个 1m×1.5m 左右的长方形土坑，深度达潜水区（约 2m）或视情况而定。然后根据土壤剖面的颜色、结构、质地等情况划分土层。在各层内分别用小铲切取一片片土壤，根据监测目的，可取分层试样或混合体。用于重金属项目分析的样品，须将接触金属采样器的土壤弃去。

（三）采样时间

为了了解土壤污染状况，可随时采集样品进行测定。但有些时候则须根据监测目的与实际情况而定。

1. 若污染源为大气，则污染情况易受空气湿度、降水等影响，其危害有显著的季节性，所以应考虑季节采样。

2. 如果污染源为肥料、农药，那么应于施肥与洒药前后选择适当的时间采样。

3. 如果污染源为灌溉，那么应在灌溉前后采样。

（四）采样量

一般 1~2kg 即可，对多点采集的混合样品，可反复按四分法弃取，最后装入塑料袋或布袋内带回实验室。

（五）采样工具

1. 土钻，适合于多点混合样的采集。

2. 小土铲，用于挖坑取样。

3. 取样筒（金属或塑料制作）。

（六）注意事项

1. 采样点不能设在田边、沟边、路边或堆肥边。

2. 测定金属不能用金属器皿，一般用塑料、木竹器皿。

3. 如果挖剖面分层采样，应从下至上采集。

4. 采样记录，标签用铅笔注明样品名称、采样人、时间、地点、深度、环境特征等，袋内外各一张。

三、土壤样品的制备与储存

一些易变、易挥发项目需要使用新鲜的土壤样品。这些项目包括：游离挥发酚、三氯乙醛、硫化物、低价铁、氨氮、硝氮、有机磷农药等，这些项目的结果在土壤风干的过程中会发生较大变化。

因为风干土样比较容易混合均匀，重复性、准确性比较好，为了样品的保存与测定工作的方便，除以上需要新鲜样品测定的项目外通常将样品做风干处理。

（一）风干

在风干室将土样放置于风干盘中，摊成 2~3cm 的薄层，适时地压碎、翻动，拣出碎石、砂砾、植物残体。

（二）样品粗磨

在磨样室将风干的样品倒在有机玻璃板上，用木槌敲打，用木棒、有机玻璃棒再次压碎，拣出杂质，混匀，并用四分法取压碎样，过孔径 2mm（20 目）的尼龙筛。过筛后的样品全部置于无色聚乙烯薄膜上，并充分搅拌混匀，再采用四分法取其中两份，一份交样品库存放，另一份作为样品的细磨用。粗磨样可直接用于土壤 pH 值、阳离子交换量、元素有效态含量等项目的分析。

（三）细磨样品

用于细磨的样品再用四分法分成两份，一份研磨到全部过孔径 0.25mm（60 目）筛，用于农药或土壤有机质、土壤全氮量等项目分析；另一份研磨到全部过孔径 0.15mm（100 目）筛，用于土壤元素全量分析。

（四）样品

分装研磨混匀后的样品，分别装于样品袋或样品瓶，填写土壤标签一式两份，瓶内或袋内放一份，瓶外或袋外贴一份。

（五）注意事项

制样过程中采样时的土壤标签与土壤始终放在一起，严禁错混，样品名称和编码始终不变。

制样工具每处理一份样品后擦抹（洗）干净，严防交叉污染。

分析挥发性、半挥发性有机物或可萃取有机物无须上述制样过程，用新鲜样品按特定方法进行样品前处理。

（六）样品保存

按样品名称、编号和粒径分类保存。

1. 新鲜样品的保存

对于易分解或易挥发等不稳定组分的样品要采取低温保存的运输方法，并尽快送到实验室分析测试。测试项目需要新鲜样品的土样，采集后用可密封的聚乙烯或玻璃容器在 4℃以下避光保存，样品要充满容器。避免用含有待测组分或对测试有干扰的材料制成的容器盛装保存样品，测定有机污染物用的土壤样品要选用玻璃容器保存。

2. 预留样品

预留样品应在样品库造册保存。

3. 分析取用后的剩余样品

分析取用后的剩余样品，待测定全部完成数据报出后，也移交样品库保存。

4. 保存时间

分析取用后的剩余样品一般保留半年，预留样品一般保留两年。特殊、珍稀、仲裁有争议样品一般要永久保存。

5. 样品库要求

保持干燥、通风、无阳光直射、无污染；要定期清理样品，防止霉变、鼠害及标签脱落。样品入库、领用和清理均须记录。

四、土壤样品的预处理

由于分析的成分和选用的方法不同，所要求的预处理方法也不同。一些核技术分析方法如 X 射线荧光分析法、中子活化法、同位素示踪法等可用制备的固体样品直接测定。但经常使用的诸如原子吸收法、色谱法、普通的分光光度法、滴定法等却需要将固体样品转化为溶液进行分析。

土壤中成分的测定，包括全量成分及有效成分或某种形态（水溶态、交换态等）的测定。

一般无机成分全量成分测定时的预处理称为消解或消化处理，某种形态或有机成分测定的预处理称为提取。

（一）样品的消解

1. 土壤样品的熔融消解法

此方法的原理是将熔剂、助熔剂、土壤放在合适的容器里加热至高温，破坏硅酸盐及有机碳，使样品熔融，熔块经水或酸溶解后制成待测液。常用的熔剂包括碱熔剂和酸熔剂。碱熔剂有 Na_2CO_3（熔点 815℃）、NaOH（熔点 320℃）、Na_2O（熔点 415℃）等，酸熔剂有焦硫酸、五氧化二钒、硼酸、硼砂等。采用的容器材料有石英、瓷、铂金、铁、聚四氟乙烯等。

2. 土壤样品的酸消解法

此方法的原理是将酸与土样加热消化，破坏土壤有机质，溶解固体物质，将待测成分变成可测态。常用容器有细颈烧瓶、长颈烧瓶、聚四氟乙烯瓶、增压溶样器。

（二）样品的提取

1. 水溶态的提取（水浸提法）

如测定土壤中水溶性有机质、CO_3^{2-}、Ca^{2+}、Mg^{2+}、总碱度、pH 值等采用此预处理方法。定期监测水浸提液可掌握土壤 pH 值、含盐量等动态，以判断土壤质量及其对农作物的适应情况及危害等。具体操作：称 50g 土样至三角瓶，加 250mL 无 CO_2 水，振荡提取，过滤，滤液备用。

2. 土壤中有效态污染物的提取

所谓"有效态"是指植物能直接吸收利用的部分，一般指水溶性、可交换性的形态。为了制定限定性指标值，建立相互比较的统一标准基础，对样品的粒径，提取剂成分和 pH 值，提取剂和样品的数量、提取时间、提取温度须特别注意。

提取效率的影响因素有以下几点。

（1）粒径。粒径越小，提取量越高、越细，越有利于混合均匀，从而可取少量样品代表整体。然而有效成分的提取，须保持接近原样的状态，即倾向于不要磨得太细，从而只能以提高称样量来保证样品的代表性。所以出现了样品粒度与称样量在体现样品代表性方面的匹配问题。一般测全量，取 0.25mm 粒径，1.5~2g（0.5~1g，含量高）；测有效态，取 2mm 粒径，5~20g。

（2）提取剂的成分。提取剂的成分决定能提取什么物质，提取某物质的某种形态。经常用的提取剂有水、盐溶液、酸、EDTA、DTPA 等。

（3）提取剂的 pH 值。成分相同而 pH 值不同的提取剂，其提取量有很大的出入，这是因为大多数化学物质的溶解都随 pH 值而变化，如 pH 值 = 7 的 1mo/LKCl 可提取盐基成分，而 pH 值 = 5.5~6.0 的 1mol/L KCl 可提取盐基成分和交换性 Al^{3+}，所以，对提取剂规定明确的 pH 值是必要的。

（4）提取剂体积与样品质量比。比值越高，提取量也越高。若比值一定，样量与提取剂的用量越大，提取量也越高，因为土粒与提取剂间的相互作用概率是因样量的增大而呈指数上升，而不是呈比例上升的。

（5）提取时间。提取量随时间的增长而增长，直至达到平衡点，提取时，被提取物质与土壤样品处于解吸—吸附的作用过程中，两种作用速率相等时即达到平衡。

（6）提取温度。不论是溶解—沉淀、吸附—解吸、氧化—还原、分解—化合，一般都是温度升高 10℃而反应速度增大 2~4 倍。一般都规定为室温，即 20~25℃。

3. 土壤中有机污染物的提取

土壤中的有机污染物要用有机溶剂来提取，如丙酮、氯仿、石油醚、乙醇、乙醚等。根据污染物的极性选择有机溶剂，如有机氯农药选择非极性溶剂，如正己烷、苯等；当样品含水量少时也可选用丙酮、石油醚等。有机磷农药选择强极性有机溶剂，如氯仿、丙酮、二氯甲烷等。

一般通过长时间的振荡浸渍或用索氏抽提来提取。

第三节 土壤污染的监测内容

一、土壤水分

无论用新鲜土样还是风干土样测定污染组分时，都需要测定土壤的含水量，以便计算按烘干土为基准的测定结果。

土壤含水量的测定要点：对于风干样，用感量 0.001g 的天平称取适量通过 1mm 孔径筛的土样，置于已恒重的铝盒中；对于新鲜土样，用感量 0.01g 的天平称取适量土样，放于已恒重的铝盒中；将称量好的风干土样和新鲜土样放入烘箱内，在 105±2℃烘至恒重，按以下两式计算水分含量：

$$水分含量（分析基）\% = \frac{m_1 - m_2}{m_1 - m_0} \times 100 \qquad (4-1)$$

$$水分含量（烘干基）\% = \frac{m_1 - m_2}{m_2 - m_0} \times 100 \qquad (4-2)$$

式中：m_0——烘至恒重的空铝盒重量（g）。

m_1——铝盒及土样烘干前的重量（g）。

m_2——铝盒及土样烘至恒重时的重量（g）。

二、pH 值

土壤 pH 值是土壤重要的理化参数，对土壤微量元素的有效性和肥力有重要影响。pH 值为 6.5~7.5 的土壤，磷酸盐的有效性最大。土壤酸性增强，使所含许多金属化合物溶解度增大，其有效性和毒性也增大。土壤 pH 值过高（碱性土）或过低（酸性土），均影响植物的生长。

测定土壤 pH 值可使用玻璃电极法。其测定要点：称取通过 1mm 孔径筛的土样 10g 于烧杯中，加无二氧化碳蒸馏水 25mL，轻轻摇动后用电磁搅拌器搅拌 1min，使水和土充分混合均匀，放置 30min，用 pH 计测量上部浑浊液的 pH 值。

测定 pH 值的土样应存放在密闭玻璃瓶中，防止空气中的氨、二氧化碳及酸碱性气体的影响。

三、可溶性盐分

土壤中可溶性盐分是用一定量的水从一定量土壤中经一定时间浸提出来的水溶性盐分。就盐分的组成而言，碳酸钠、碳酸氢钠对作物的危害最大，其次是氯化钠，而硫酸钠危害相对较轻。因此，定期测定土壤中可溶性盐分总量及盐分的组成，可以了解土壤盐渍程度和季节性盐分动态，为制定改良和利用盐碱土壤的措施提供依据。

测定土壤中可溶性盐分的方法有重量法、比重计法、电导法、阴阳离子总和计算法等。下面简要介绍应用广泛的重量法。

重量法的原理：称取通过 1mm 筛孔的风干土壤样品 1 000g，放入 1 000mL 大口塑料瓶中，加入 500mL 无二氧化碳蒸馏水，在振荡器上振荡提取后，立即抽气过滤，滤液供分析测定。吸取 50~100mL 滤液于已恒重的蒸发皿中，置于水浴上蒸干，再在 100~105℃烘箱中烘至恒重，将所得烘干残渣用 15%过氧化氢溶液在水浴上继续加热去除有机质，再蒸干至恒重，剩余残渣量即为可溶性盐分总量。

水土比例大小和振荡提取时间影响土壤可溶性盐分的提取，不能随便更改，以使测定结果具有可比性。此外，抽滤时尽可能快速，以减少空气中二氧化碳的影响。

四、金属化合物

土壤中金属化合物的测定方法与"水和废水监测"中金属化合物的测定方法基本相同，仅在预处理方法和测量条件方面有差异。下面以混酸消解-石墨炉原子吸收分光光度法测定土壤中的镉、铅为例，介绍土壤中重金属污染物的测定步骤。

（一）土壤样品的消解

采用盐酸-硝酸-氢氟酸-高氯酸混合酸消解。准确称取 0.1~0.3g 已过 100 目尼龙筛的风干土样，于 50mL 聚四氟乙烯坩埚中，用少许水润湿后加入 5mLHCl，于电热板上低温加热消解（<250℃，以防止镉的挥发），当蒸发至 2~3mL 时，加入 5mL HNO_3、4mL HF、2mL $HClO_4$，加热后于电热板上中温加热约 1h，开盖，继续加热除硅。根据消解情况可适当补加 HNO_3、HF 和 $HClO_4$，直至样品完全溶解，得到清亮溶液。最后加热蒸发至近干，冷却，用（1+5）HNO_3 溶解残渣，并加入基体改进剂（磷酸氢二铵溶液）做空白试验。

（二）绘制标准曲线

配制镉、铅的混合标准溶液，配制镉、铅的标准系列，分别按照仪器工作条件测定镉、铅标准系列的吸光度，绘制标准曲线。

（三）样品测定及结果计算

按照测定标准溶液相同的工作条件，测定样品溶液的吸光度。按照下式计算土壤样品中镉、铅的含量：

$$C(\mathrm{Cd, Pb, mg/kg}) = \frac{\rho \cdot V}{m(1-f)} \qquad (4-3)$$

式中：ρ——样品试液的吸光度减去空白试验的吸光度后，在标准曲线上查得镉、铅的含量（mg/L）。

V——试液定容体积（mL）。

m——称取风干土样的质量（g）。

f——土壤样品的水分含量（%）。

五、有机化合物

（一）六六六和滴滴涕

六六六和滴滴涕的测定方法广泛使用气相色谱法，其最低检测浓度为 0.000 05~0.004 87mg/kg。

1. 方法原理

用丙酮-石油醚提取土壤样品中的六六六和滴滴涕，经硫酸净化处理后，用带电子捕获检测器的气相色谱仪测定。根据色谱峰保留时间进行两种物质异构体的定性分析；根据峰高（或峰面积）进行各组分的定量分析。

2. 仪器及其主要部件

主要仪器是带电子捕获检测器的气相色谱仪，仪器的主要部件包括全玻璃系统进样器、与气相色谱仪匹配的记录仪、色谱柱、电子捕获检测器。

3. 色谱条件

汽化室温度：220℃；柱温：195℃；载气（N）流速：40~70mL/ min。

4. 测定要点

（1）样品预处理：准确称取 20g 土样，置于索氏提取器中，用石油醚-丙酮（1∶1）提取，则六六六和滴滴涕被提取进入石油醚层，分离后用浓硫酸和无水硫酸钠净化，弃去水相，石油醚提取液定容后供测定。

（2）定性和定量分析：用色谱纯 α-六六六、β-六六六、γ-六六六、δ-六六六、PP′-

DDE、OP′-DDT、PP′-DDD 、P′P-DDT 和异辛烷、石油醚配制标准工作溶液；用微量注射器分别吸取 3~6mL 标准溶液和样品试液注入气相色谱仪测定，记录标准溶液和样品试液的色谱图。根据各组分的保留时间和峰高（或峰面积）分别进行定性和定量分析。用外标法计算土壤样品中农药含量的计算式如下：

$$\rho_i = \frac{h_i \cdot W_{is} \cdot V}{h_{is} \cdot V_i \cdot G} \tag{4-4}$$

式中：ρ_i——样中 i 组分农药含量（mg/kg）。

h_i——土样中 i 组分农药的峰高（cm）或峰面积（cm²）。

W_{is}——标样中 i 组分农药的重量（ng）。

V——土样定容体积（mL）。

h_{is}——标样中 i 组分农药的峰高（cm）或峰面积（cm²）。

V_i——土样试液进样量（μL）。

G——土样重量（g）。

（二）苯并［a］芘

测定苯并［a］芘的方法有紫外分光光度法、荧光分光光度法、高效液相色谱法等。

紫外分光光度法的测定要点：称取通过 0.25mm 筛孔的土壤样品于锥形瓶中，加入氯仿，在 50℃水浴上充分提取、过滤，滤液在水浴上蒸发近干，用环己烷溶解残留物，制备成苯并［a］芘提取液。将提取液进行两次氧化铝层析柱分离纯化和溶出后，在紫外分光光度计上测定 350~410m 波段的吸收光谱，依据苯并［a］芘在 365nm、385nm、403nm 处有 3 个特征波峰，进行定性分析。测量溶出试液对 385m 紫外光的吸光度，对照苯并［a］芘标准溶液的吸光度进行定量分析。该方法适用于苯并［a］芘含量>5μg/kg 的土壤，若苯并［a］芘含量<5μg/kg，则用荧光分光光度法。

荧光分光光度法是将土壤样品的氯仿（三氯甲烷）提取液蒸发近干，并把环己烷溶解后的试液滴入氧化铝层析柱上，进行分离和用苯洗脱，洗脱液经浓缩后再用纸层析法分离，在层析滤纸上得到苯并［a］芘的荧光带，用甲醇溶出，取溶出液在荧光分光光度计上测量其被 386nm 紫外光激发后发射的荧光（406nm）强度，对照标准溶液的荧光强度定量。

高效液相色谱法是将土壤样品于索氏提器内用环己烷提取苯并［a］芘，提取液注入高效液相色谱仪测定。

第四节 土壤污染物的测定

一、测定方法

土壤污染监测所用方法与水质、大气监测方法类同。常用方法有：重量法，适用于测定土壤水分；滴定法，适用于浸出物中含量较高的成分测定，如 Ca^{2+}、Mg^{2+}、Cl^-、SO_4^{2-}等；分光光度法，适用于重金属，如铜、镉、铬、铅、汞、锌等组分的测定；气相色谱法，适用于有机氯、有机磷及有机汞等农药的测定。

二、土壤样品的溶解

在土壤样品的监测分析中，根据分析项目的不同，首先要经过样品的溶解处理工作，然后才能进行待测组分含量的测定。常用的溶解处理方法有湿法消化、干法灰化、溶剂提取和碱熔法。

分析土壤样品中的痕量无机物时，通常将其所含的大量有机物加以破坏，使其转变为简单的无机物，然后进行测定。这样可以排除有机物的干扰，提高检测精度。破坏有机物的方法有湿法消化法和干法灰化法两种。

（一）湿法消化法

湿法消化法又称湿法氧化法。它是将土壤样品与一种或两种以上的强酸（如硫酸、硝酸、高氯酸等）共同加热浓缩至一定体积，使有机物分解成二氧化碳和水除去。为了加快氧化速度，可加入过氧化氢、高锰酸钾、过硫酸钾和五氧化二钒等氧化剂和催化剂。常用的消化方法有以下几种。

1. 王水（盐酸–硝酸）消化

1 体积硝酸和 3 体积盐酸的混合物。可用于消化测定铜、锌、铅等组分的土壤样品。

2. 硝酸–硫酸消化

由于硝酸氧化能力强、沸点低，硫酸具有氧化性且沸点高，因此，二者混合使用，既可利用硝酸的氧化能力，又可提高消化温度，消化效果较好。常用的硫酸与硝酸的比例为 2：5。消化时先将土壤样品润湿，然后加硝酸于样品中，加热蒸发至较少体积时，再加硫酸加热至冒白烟，使溶液变成无色、透明、清亮。冷却后，用蒸馏水稀释，若有残渣，须进行过滤或加热溶解。必须注意的是，在加热溶解时，开始低温，然后逐渐高温，以免因迸溅引起损失。

3. 硝酸-高氯酸消化

硝酸－高氯酸消化适用于含难氧化有机物的样品处理，是破坏有机物的有效方法。在消化过程中，硝酸和高氯酸分别被还原为氮氧化合物和氯气（或氯化氢）自样液中逸出。由于高氯酸能与有机物中的羟基生成不稳定的高氯酸酯，有爆炸的危险，所以操作时，应先加硝酸将醇类中的羟基氧化，冷却后在有一定量硝酸的情况下加高氯酸处理。切忌将高氯酸蒸干，因为无水高氯酸会爆炸。样品消化时必须在通风橱内进行，而且应定期清洗通风橱，避免因长期使用高氯酸引起爆炸。

4. 硫酸-磷酸消化

硫酸和磷酸的沸点都较高。硫酸具有氧化性，磷酸具有络合性，能消除铁等离子的干扰。

（二）干法灰化法

干法灰化法又称燃烧法或高温分解法。根据待测组分的性质，选用铂、石英、银、镍或瓷坩埚盛放样品，将其置于高温电炉中加热，控制温度为 450～550℃，使其灰化完全，将残渣溶解供分析使用。

对于易挥发的元素，如汞、砷等，为避免高温灰化损失，可用氧瓶燃烧法进行灰化。此法是将样品包在无灰滤纸中，滤纸包钩在磨口塞的铂丝上，瓶中预先充入氧气和吸收液，将滤纸引燃后，迅速盖紧瓶塞，让其燃烧灰化，摇动瓶子让燃烧产物溶解于吸收液中，溶液供分析用。

（三）溶剂提取法

分析土壤样品中的有机氯、有机磷农药和其他有机污染物时，由于这些污染物质的含量多数是微量的，如果要得到正确的分析结果，就必须在两方面采取措施：一方面，尽量使用灵敏度较高的先进仪器及分析方法；另一方面，利用较简单的仪器设备，对环境分析样品进行浓缩、富集和分离。常用的方法是溶剂提取法。用溶剂将待测组分从土壤样品中提取出来，提取液供分析使用。提取方法有下列几种。

1. 振荡浸取法

将一定量经制备的土壤样品置于容器中，加入适当溶剂，放置在振荡器上振荡一定时间，过滤，用溶剂淋洗样品，或再提取一次，合并提取液。此法用于土壤中酚、油类等的提取。

2. 索式提取法

索式提取器是提取有机物的有效仪器，主要用于提取土壤样品中苯并 [a] 芘、有机氯农药、有机磷农药和油类等。将经过制备的土壤样品放入滤纸筒中或用滤纸包紧，置于回流提取器内。蒸发瓶中盛装适当有机溶剂，仪器组装好后，在水浴上加热。此时，溶剂蒸气经支管进入冷凝器内，凝结的溶剂滴入回流提取器，对样品进行浸泡提取。当溶剂液面达到虹吸管顶部时，含提取液的溶剂回流入蒸发瓶中，如此反复进行直到提取结束。选取什么样的溶剂，应根据分析对象来确定。例如，极性弱的有机氯农药采用极性弱的溶剂（如己烷、石油醚），对极性强的有机磷农药和含氧苯基除草剂用极性强的溶剂（如二氯甲烷、三氯甲烷）。该法因样品都与纯溶剂接触，所以提取效果好，但较费时。

3. 柱层析法

一般是当被分析样品的提取液通过装有吸附剂的吸附柱时，相应被分析的组分吸附在固体吸附剂的活性表面上，然后用合适的溶剂淋出来，达到浓缩、分离、净化的目的。常用的吸附剂有活性炭、硅胶、硅藻土等。

此外还有碱熔法。碱熔法常用氢氧化钠和碳酸钠作为碱熔剂与土壤试样在高温下熔融，然后加水溶解，一般用于土壤中氟化物的测定。该法因添加了大量可溶性的碱熔剂，易引进污染物质；另外，有些重金属如镉（Cd）、铬（Cr）等在高温熔融时易损失。

三、污染物的测定（以铜为例）

土壤污染主要由两方面因素所引起，一方面是工业废物，主要是废水和废渣；另一方面是使用化肥和农药所引起的副作用。其中工业废物是土壤污染的主要原因（包括无机污染和有机污染）。土壤污染的主要监测项目是对土壤、作物有害的重金属如铜、镉、汞、铬，非金属及其化合物如砷、氰化物、氟化物、硫化物及残留的有机农药等进行监测。

（一）标准储备液制备

制备各种重金属标准储备液推荐使用光谱纯试剂。用于溶解土壤的各种酸，皆选用高纯或光谱纯级；稀释用水为蒸馏去离子水。使用浓度低于 $0.1\mu g/mL$ 的标准溶液时，应于临用前配制或稀释。标准储备液在保存期间，若有浑浊或沉淀生成时须重新配制。

（二）土样预处理

称取 $0.5\sim1g$ 土样于聚四氟乙烯坩埚中，用少许水润湿，加入 HCl，在电热板上加热消化，加入 HNO_3 继续加热，再加入 HF 加热分解 SiO_2 及胶态硅酸盐。最后加入 HCO_3 加热（<200℃）蒸至尽干。冷却，用稀 HNO_3 浸取残渣、定容。同时做全程空白试验。

（三）铜标准系列溶液的配制

铜标准操作溶液是通过逐次稀释标准储备液得到的。铜适宜测定的浓度范围是 0.2~10μg/mL。

（四）用原子吸收分光光度（AAS）法测定

工作参数见表 4-1。

表 4-1　铜工作参数

工作参数	铜	工作参数	铜
适测浓度范围（μg/mL）	0.2-10	波长（nm）	324.7
灵敏度（μg/mL）	0.1	空气乙炔火焰条件	氧化型
检出限（μg/mL）	0.01		

（五）结果计算

$$铜(mg/kg) = \frac{m}{W} \qquad (4-5)$$

式中：m——自标准曲线中查得铜含量，μg。

　　　　W——称量土样的质量，g。

第五节　危险废物鉴别

一、危险废物的定义

危险废物是指在《国家危险废物名录》中，或根据国务院环境保护主管部门规定的危险废物鉴别标准认定的具有危险性的废物。工业固体废物中危险废物量占总量的 5%~10%，并以 3% 的年增长率发展。因此，对危险废物的管理已经成为重要的环境管理问题之一。

我国于 2008 年公布了《国家危险废物名录》并实行动态管理，目前执行 2021 年版，其中包括 50 个类别，135 种行业来源和约 468 种常见危害组分或废物名称。凡《国家危险废物名录》中规定的废物直接属于危险废物。其他废物可按下列鉴别标准予以鉴别。

一种废物是否对人类和环境造成危害可用下列四点来鉴别：

①是否引起或严重导致人类和动、植物死亡率增加。

②是否引起各种疾病的增加。

③是否降低对疾病的抵抗力。

④在贮存、运输、处理、处置或其他管理不当时，对人体健康或环境会造成现实或潜在的危害。

由于上述定义没有量值规定，因此在实际使用时往往根据废物具有潜在危害的各种特性及其物理、化学和生物的标准试验方法对其进行定义和分类。危险废物特性包括易燃性、腐蚀性、反应性、放射性、浸出毒性、急性毒性（包括口服毒性、吸入毒性和皮肤吸收毒性），以及其他毒性（包括生物积累性、刺激性或过敏性、遗传变异性、水生生物毒性和传染性等）。

我国对危险废物有害特性的定义如下：

①急性毒性：能引起小鼠（或大鼠）在48h内死亡半数以上的固体废物，参考制定的有害物质卫生标准的试验方法，进行半数致死量（LD50）试验，评定毒性大小。

②易燃性：经摩擦或吸湿和自发的变化具有着火倾向的固体废物（含闪点低于60℃的液体），着火时燃烧剧烈而持续，在管理期间会引起危险。

③腐蚀性：含水固体废物，或本身不含水但加入定量水后其浸出液的pH值<2或pH值≥12.5的固体废物，或在55℃以下时对钢制品每年的腐蚀深度大于0.64cm的固体废物。

④反应性：当固体废物具有下列特性之一时为具有反应性：在无爆震时就很容易发生剧烈变化；和水剧烈反应；能和水形成爆炸性混合物；和水混合会产生毒性气体、蒸气或烟雾；在有引发源或加热时能爆震或爆炸；在常温、常压下易发生爆炸或爆炸性反应；其他法规所定义的爆炸品。

⑤放射性：含有天然放射性元素，放射性比活度大于3 700Bq/kg的固体废物；含有人工放射性元素的固体废物或者放射性比活度（以Bq/kg为单位）大于露天水源限值10~100倍（半衰期>60d）的固体废物。

⑥浸出毒性：按规定的浸出方法进行浸取，所得浸出液中有一种或者一种以上有害成分的质量浓度超过，如表4-2所示鉴别标准的固体废物。

表4-2　中国危险废物浸出毒性鉴别标准

号	项目	浸出液的最高允许质量浓度/（mg-LT）
1	汞	0.1（以总汞计）
2	镉	1（以总镉计）
3	砷	5（以总砷计）
4	铬	5（以六价铬计）
5	铅	5（以总铅计）
6	铜	100（以总铜计）
7	锌	100（以总锌计）
8	镍	5（以总镍计）
9	铍	0.02（以总铍计）
10	无机氟化物	100（不包括氟化钙）

二、危险废物的鉴别方法

当无法确定固体废物是否存在危险特性或毒性物质时，需要对其进行鉴别。

（一）反应性鉴别

1. 遇水反应性试验

固体废物与水发生反应放出热量，使体系的温度升高，用半导体点温计来测量固-液界面的温度变化，以确定温升值。

测定时，将点温计的探头输出端接在点温计接线柱上，开关置于"校"字样，调整点温计满刻度，使指针与满刻度线重合。将温升实验容器插入绝热泡沫块12cm深处，然后将一定量的固体废物（1g、2g、5g、10g）置于温升实验容器内，加入20mL蒸馏水，再将点温计探头插入固-液界面处，用橡皮塞盖紧，观察温升。将点温计开关转到"测"处，读取电表指针最大值，即为所测反应温度，此值减去室温即为温升测定值。

测定方法包括撞击感度测定、摩擦感度测定、差热分析测定、爆炸点测定、火焰感度测定五种方法。

2. 遇酸生成氢氰酸和硫化氢试验

在通风橱中安装好实验装置，在刻度洗气瓶中加入50mL、0.25mol/L的氢氧化钠溶液，用水稀释至液面高度。通入氮气，并控制流量为60mL/min。向容积为500mL的圆底烧瓶中加入10g待测固体废物。保持氮气流量，加入足量硫酸，同时开始搅拌，30min后关闭氮气，卸下洗气瓶，分别测定洗气瓶中氰化物和硫化物的含量。

（二）易燃性鉴别

鉴别易燃性即测定闪点。闪点是指在规定条件下，易燃性物质受热后所产生的蒸气与周围空气形成的混合气体，在遇到明火时发生瞬间着火（闪火现象）时的最低温度。闪点的测定有开口杯法和闭口杯法两种。

对于含有固体物质的液态废物来说，若闪点温度低于60℃（闭口杯），则属于易燃性固体废物。

对于固体废物来说，在标准温度和压力（25℃，101.3kPa）下因摩擦或自发性燃烧而着火，或者经点燃后能剧烈持续燃烧的固体废物，属于易燃性固体废物。

（三）腐蚀性鉴别

腐蚀性指通过接触能损伤生物细胞组织或腐蚀物体而引起危害。腐蚀性的鉴别方法一种是测定pH值，另一种是测定在55.7℃以下对标准钢样的腐蚀深度。当固体废物浸出液的pH值<2或pH值>12.5时，则有腐蚀性；当在55.7℃以下对标准钢样的腐蚀深度大于0.64cm/年时，则有腐蚀性。实际应用中一般使用pH值判断腐蚀性。

（四）浸出毒性鉴别

若固体废物浸出液中任何一种危害成分含量超过规定的浓度限值，则判定该固体废物为具有浸出毒性特征的危险废物。固体废物浸出液中无机物浓度限值和分析方法如表4-3所示，有机农药类浓度限值和分析方法见如表4-4所示，非挥发性有机物浓度限值和分析方法如表4-5所示，挥发性有机物浓度限值和分析方法如表4-6所示。

表4-3　浸出液中无机物浓度限值和分析方法

序号	危害成分项目	浸出液中的浓度限值/（mg/L）	分析方法
1	铜	100	ICP-AES、ICP-MS、AAS
2	锌	100	ICP-AES、ICP-MS、AAS
3	镉	1	ICP-AES、ICP-MS、A AS
4	铅	5	ICP-AES、ICP-MS、A AS
5	总铬	15	ICP-AES、ICP-MS、A AS
6	铬（六价）	5	二苯碳酰二肼分光光度法
7	烷基汞	不得检出	GC
8	总汞	0.1	ICP-MS
9	总铍	0.02	ICP-AES、ICP-MS、AAS

序号	危害成分项目	浸出液中的浓度限值/（mg/L）	分析方法
10	总钡	100	ICP-AES、ICP-MSsAAS
11	总镍	5	ICP-AES、ICP-MS、AAS
12	总银	5	ICP-AESJCP-MS、AAS
13	总砷	5	AAS、AFS
14	总硒	1	ICP-MS、AAS、AFS
15	无机氟化物（不含氟化钙）	100	IC
16	氰化物（以 CN⁻计）	5	IC

表 4-4　浸出液中有机农药类浓度限值和分析方法

序号	危害成分项目	浸出液中的浓度限值/（mg/L）	分析方法
1	滴滴涕	0.1	GC
2	六六六	0.5	GC
3	乐果	8	GC
4	对硫磷	0.3	GC
5	甲基对硫磷	0.2	GC
6	马拉硫磷	5	GC
7	氯丹	2	GC
8	六氯苯	5	GC
9	毒杀芬	3	GC
10	灭蚊灵	0.05	GC

表 4-5　浸出液中非挥发性有机物浓度限值和分析方法

序号	危害成分项目	浸出液中的浓度限值/（mg/L）	分析方法
1	硝基苯	20	HPLC
2	二硝基苯	20	GC-MS
3	对硝基氯苯	5	HPLC
4	2，4-二硝基苯	5	HPLC
5	五氯酚	50	HPLC
6	苯酚酚	3	GC-MS
7	2，4-二氯苯酚	6	GC-MS
8	2，4，6-三氯苯酚	6	GC-MS
9	苯并［a］芘	0.000 3	GC-MS
10	邻苯二甲酸二丁酯	2	GC-MS

序号	危害成分项目	浸出液中的浓度限值/（mg/L）	分析方法
11	邻苯二甲酸二辛酯	3	HPLC
12	多氯联苯	0.002	GC

表 4-6　浸出液中挥发性有机物浓度限值和分析方法

序号	危害成分项目	浸出液中的浓度限值/（mg/L）	分析方法
1	苯	1	GC-MS、GC、平衡顶空法
2	甲苯	1	GC—MS、GC、平衡顶空法
3	乙苯	4	GC
4	二甲苯	4	GC-MS、GC
5	氯苯	2	GC-MS、GC
6	1，2-二氯苯	4	GC-MS、GC
7	1，4-二氯苯	4	GC-MS、GC
8	丙烯腈	20	GC-MS
9	三氯甲烷	3	平衡顶空法
10	四氯化碳	0.3	平衡顶空法
11	三氯乙烯	3	平衡顶空法
12	四氯乙烯	1	平衡顶空法

（五）急性毒性鉴别

急性毒性试验是指一次或几次投给实验动物较大剂量的化合物，观察在短期内（一般 24h 到两周以内）的中毒反应。

由于急性毒性试验的变化因子少、时间短、经济、容易试验，因此被广泛采用。

污染物的毒性和剂量关系可用下列指标区分：半数致死量（浓度），用 LD50 表示；最小致死量（浓度），用 MLD 表示；绝对致死量（浓度），用 LD 表示；最大耐受量（浓度），用 MTD 表示。

半数致死量是评价毒物毒性的主要指标之一。根据染毒方式的不同，可将半数致死量分为经口毒性半数致死量 LD50、皮肤接触毒性半数致死量 LD50 和吸入毒性半数致死浓度 LD50。

经口染毒法又分为灌胃法和饲喂法两种。这里简单介绍灌胃经口染毒法半数致死量试验。

急性毒性的初筛试验可以简便地鉴别并表达其综合急性毒性，方法如下：

以体重 18~24g 的小白鼠（或 200~300g 大白鼠）作为实验动物。若是外购鼠，必须在本单位饲养条件下饲养 7 ~ 10d，仍活泼健康者方可使用。实验前 8 ~ 12h 和观察期间禁食。

称取制备好的样品 100g，置于 500mL 具磨口玻璃塞的锥形瓶中，加入 100mL 蒸馏水，振摇 3min，在室温下静止浸泡 24h，用中速定量滤纸过滤，滤液用于灌胃。

灌胃采用 1mL（或 5mL）注射器，注射针采用 9（或 12）号，去针头，磨光，弯成新月形。对 10 只小白鼠（或大白鼠）进行一次性灌胃，每只小白鼠不超过 0.40mL/20g，每只大白鼠不超过 1.0mL/100g。

灌胃时用左手捉住小白鼠，尽量使之呈垂直体位；右手持已吸取浸出液的注射器，对准小白鼠口腔正中，推动注射器使浸出液徐徐流入小白鼠的胃内。对灌胃后的小白鼠（或大白鼠）进行中毒症状观察，记录 48h 内动物死亡数，确定固体废物的综合急性毒性。

第六节　固体废物有害特性监测

一、急性毒性

有害废物中会有多种有害成分，组分分析难度较大。急性毒性的初筛试验可以简便地鉴别并表达其综合急性毒性，急性毒性是指一次投给实验动物的毒性物质，半致死量（LD50）小于规定值的毒性。方法如下：

1. 以体重 18~24g 的小白鼠（或 200~300g 大白鼠）作为实验动物。若是外购鼠，必须在本单位饲养条件下饲养 7~10d，仍活泼健康者方可使用。实验前 8~12h 和观察期间禁食。

2. 称取准备好的样品 100g，置于 500mL 带磨口玻璃塞的三角瓶中，加入 100mL（pH 值为 5.8~6.3）水（固液比为 1∶1），振摇 3min 于温室下静止浸泡 24h，用中速定量滤纸过滤，滤液留待灌胃用。

3. 灌胃采用 1mL（或 5mL）注射器，注射针采用 9（或 12）号，去针头，磨光，弯曲成新月形。对 10 只小白鼠（或大白鼠）进行一次性灌胃，经口一次灌胃，灌胃量为小白鼠不超过 0.4mL/20g（体重），大白鼠不超过 1.0mL/100g（体重）。

4. 对灌胃后的小白鼠（或大白鼠）进行中毒症状的观察，记录 48h 内实验动物的死亡数目。根据实验结果，如出现半数以上的小白鼠（或大白鼠）死亡，则可判定该废物是具有急性毒性的危险废物。

二、易燃性

易燃性是指闪点低于60℃的液态废物和经过摩擦、吸湿等自发的化学变化或在加工制造过程中有着火趋势的非液态废物，由于燃烧剧烈而持续，以至于会对人体和环境造成危害的特性。鉴别易燃性的方法是测定闪点。

（一）采用仪器

应采用闭口闪点测定仪，常用的配套仪器有温度计和防护屏。

1. 温度计

温度计采用1号温度计（-30~170℃）或2号温度计（100~300℃）。

2. 防护屏

采用镀锌铁皮制成，高度为550~650mm，宽度以适用为度，屏身内壁应漆成黑色。

（二）测定步骤

按标准要求加热试样至一定温度，停止搅拌，每升高1℃点火一次，至试样上方刚出现蓝色火焰时，立即读出温度计上的温度值，该值即为测定结果。

三、腐蚀性

腐蚀性指通过接触能损伤生物细胞组织，或使接触物质发生质变，使容器泄漏而引起危害的特性。测定方法一种是测定pH值，另一种是测定在55.7℃以下对钢制品的腐蚀率。现介绍pH值的测定。

（一）仪器

采用pH计或酸度计，最小刻度单位在0.1pH单位以下。

（二）方法

用与待测样品pH值相近的标准溶液校正pH计，并加以温度补偿。

1. 对含水量高、呈流态状的稀泥或浆状物料，可将电极直接插入进行pH值测量。

2. 对黏稠状物料可离心或过滤后，测其滤液的pH值，对粉、粒、块状物料，称取制备好的样品50g（干基），置于1L塑料瓶中，加入新鲜蒸馏水250mL，使固液比为1∶5，加盖密封后，放在振荡机上（振荡频率120±5次/min，振幅40mm）于室温下连续振荡

30min，静置 30min 后，测上清液的 pH 值。每种废物取三个平行样品测定其 pH 值，差值不得大于 0.15，否则应再取 1~2 个样品重复进行试验，取中位值报告结果。

3. 对于高 pH 值（9 以上）或低 pH 值（2 以下）的样品，两个平行样品的 pH 值测定结果允许差值不超过 0.2，还应报告环境温度、样品来源、粒度级配，以及试验过程中的异常现象、特殊情况试验条件的改变及原因。

四、反应性

反应性是指在通常情况下固体废物不稳定，极易发生剧烈的化学反应；或与水反应猛烈；或形成可爆炸性的混合物；或产生有毒气体的特性。测定方法包括撞击感度实验、摩擦感度实验、差热分析实验，爆炸点测定、火焰感度测定，温升实验和释放有毒有害气体实验等。现介绍释放有害气体的测定方法。

（一）反应装置

1. 250mL 高压聚乙烯塑料瓶，另配橡皮塞（将塞子打一个 6mm 的孔），插入玻璃管。
2. 振荡器采用调速往返式水平振荡器。
3. 100mL 注射器，配 6 号针头。

（二）实验步骤

称取固体废物 50g（干重），置于 250mL/L 的反应容器内，加入 25mL 水（用 1mol/LHCI 调节 pH 值为 4），加盖密封后，固定在振荡器上，振荡频率为 110±10 次/min，振荡 30min 后停机，静置 10min。用注射器抽气 50mL，注入不同的 5mL 吸收液中，测定其硫化氢、氰化氢等气体的含量。第 n 次抽 50mL 气体测量校正值：

$$校正值（mg/L）= 测得值 \times （275/225）n \qquad (4-6)$$

式中：225——塑料瓶空间体积（mL）。

275——塑料瓶空间体积和注射器体积之和（mL）。

（三）硫化氢的测定

1. 原理

含有硫化物的废物遇到酸性水或酸性工业有害固体废物遇水时便可使固体废弃物中的硫化物释放出硫化氢气体：

$$MS + 2HCl \rightarrow MCl_2 + H_2S$$

醋酸锌溶液可吸收硫化氢气体，在含有高铁离子的酸性溶液中，硫离子与对氨基二甲基苯胺生成亚甲基蓝，其蓝色与硫离子含量成比例。本方法测定硫化氢气体的下限为0.001 2mg/L。

2. 样品测定

在固体废弃物与水反应的反应瓶中，用100mL注射器抽气50mL，注入盛有5mL吸收液（醋酸锌，醋酸钠溶液）的10mL比色管中，摇匀。加入0.1%对氨基二甲基苯胺溶液1mL，12.5%硫酸高铁铵溶液0.2mL，用水稀释至标线，摇匀。15～20min后用1cm比色皿，以试剂空白为参比在665nm波长处测吸光度。在校准曲线上查出含量。

3. 结果计算

硫化氢浓度（S^{2-}，mg/L）= 测得硫化物量（μg）× （275/225）n/注气体积（mL）

$$(4-7)$$

式中 n——抽气次数。

（四）氰化氢的测定

1. 原理

含氰化物的固体废物遇到酸性水时，可放出氰化氢气体，用氢氧化钠溶液吸收氰化氢气体。在pH值为7时，氰离子与氯胺T反应生成氯化氰，而后与异烟酸作用，并经水解而生成戊烯二醛，再与吡唑啉酮进行缩合反应，生成蓝色染料，其色度与氰化物浓度成正比，依此可测得氰化氢的含量。本法的检测下限为0.007mL/L。

2. 样品测定

取固体废物与水反应生成的气体50mL，注入5mL的吸收液中（氢氧化钠溶液），加入磷酸盐缓冲溶液2mL，摇匀。迅速加入1%氯胺T0.2mL，立即盖紧塞子，摇匀。反应5min后加入异烟酸-吡唑啉酮2mL，摇匀，用水定容至10mL。在40℃左右水浴上显色，颜色由红→蓝→绿蓝。以空白做参比，用1cm比色皿，在638nm波长处测定吸光度。在校正曲线上查得氰化物的含量。

3. 结果计算

氰化氢浓度（CN^-，mg/L）= 测得氰化物量（μg）× （275/225）n/注气体积（mL）

$$(4-8)$$

式中 n——抽气次数。

（五）浸出毒性

固体废物受到水的冲淋、浸泡，其中有害成分将会转移到水相而污染地面水、地下水，导致二次污染。

浸出试验采用规定办法浸出水溶液，然后对浸出液进行分析。我国规定的分析项目有：汞、镉、砷、铬、铅、铜、锌、镍、锑、铍、氟化物、氰化物、硫化物、硝基苯类化合物。

浸出方法如下：

称取 100g（干基）试样（无法称取干基质量的样品则先测水分加以换算），置于浸出容积为 2L（φ130×160）具塞广口聚乙烯瓶中，加水 1L（先用氢氧化钠或盐酸调节 pH 值为 5.8~6.3）。

将瓶子垂直固定在水平往复振荡器上，调节振荡频率为 110±10 次/min，振幅 40mm，在室温下振荡 8h，静置 16h。

通过 0.45μm 滤膜过滤。滤液按各分析项目要求进行保护，于合适条件下储存备用，每种样品做两个平行浸出试验，每瓶浸出液对欲测项目平行测定两次，取算术平均值报告结果；对于含水污泥样品，其滤液也必须同时加以分析并报告结果；试验报告中还应包括被测样品的名称、来源，采集时间，样品粒度级配情况，试验过程的异常情况，浸出液的 pH 值、颜色、乳化和分层情况；试验过程的环境温度及其波动范围、条件改变及其原因。

考虑到试样与浸出容器的相容性，在某些情况下，可用类似形状的玻璃瓶代替聚乙烯瓶。例如，测定有机成分宜用硬质玻璃容器，对某些特殊类型的固体废物，由于安全及样品采集等方面的原因，无法严格按照上述条件进行试验时，可根据实际情况适当改变。浸出液分析项目应按有关标准的规定及相应的分析方法进行。

第五章 环境管理的理论基础

第一节 环境管理的模式与制度

一、环境问题与环境管理

随着人类社会的不断发展，人口增加、生产力水平提高，错误的生产方式和发展理念导致了很多环境问题。随着经济的高速发展，环境问题也越发凸显，并且已经对人类社会的生存和发展产生影响，这就要求人类社会进行科学合理的环境管理，促进人类社会与自然环境的和谐发展，实现人类社会的可持续发展。

（一）环境问题及其产生原因

1. 环境问题

严格来说，所有对人类和其他生物生存和发展的环境造成不良影响，引起环境结构或状态变化的，都应该称为环境问题。然而按照环境科学的定义来说，环境问题并不包括由自然因素引起的环境变化，是指狭义上的环境问题。环境问题随着人类社会的发展一直存在，不同时期，环境问题会有不同的表现形式，对人类和其他生物产生不同的影响，这就导致人们对环境问题的认识程度有所区别。

在远古时代，还没有出现农业文明，人类维持生存的主要方式是渔猎和采集，人口数量少，生产力水平低，人类几乎不会对自然环境造成干预，在这个时期几乎没有环境问题。

随着人类社会的不断发展，工业文明时代来临，人口数量激增，科学技术水平和经济水平显著提高。这一阶段，人们急于追求经济增长，开始大规模地开发和利用自然环境资源，这就导致在取得经济进步的同时，也引发了严重的环境问题。该阶段的环境问题不再是局部的、零散的，而是会直接从根本上影响人类社会生存和发展的重大问题。

环境问题是当前人类社会面临的重要问题，为了保证人类的生存和发展，实现人类社会的可持续发展，就必须充分重视环境问题，而首先就需要全面了解和认识环境问题。

第一，人们应该认识到环境问题可以分为多种类型。按照环境问题的性质进行划分，可以分为环境污染问题，如大气污染、生物污染、水体污染等；二次污染问题，如酸雨、全球变暖、臭氧层破坏等；生态破坏问题，如水土流失、土地荒漠化等；资源衰竭问题，如煤炭资源衰竭、石油资源衰竭等。按照环境问题的介质进行划分，可以分为大气环境问题、水体环境问题、土壤环境问题等。按照环境问题的产生原因进行划分，可以分为农业环境问题、工业环境问题和生活环境问题等。除此以外，还有其他分类方式。

第二，环境问题并不是相互独立的，各种环境问题之间存在一定的因果联系，它们是相互交叉、相互强化的。也就是说，环境问题是由于人类对环境的过度干预造成的系统性病变的表现。环境问题的产生与不断恶化，导致人们失去了清洁的空气、水源和土壤，破坏了自然环境固有的结构和状态，使生态系统中各要素之间的内在联系遭到了破坏。当前的环境问题对人类社会的产生和发展造成了严重影响，使人们面临着空前严峻的挑战。

当前的环境问题之所以会如此严重，根本上是人类社会的生存方式和发展方式的不当造成的。因此，解决环境问题需要人们意识到环境问题的严峻性，人类要反思自己的行为，从思想上对环境问题给予足够的重视。

2. 环境问题产生的原因

当前的环境问题异常严峻，人们意识到了这一点，并一直在思考环境问题产生的原因。人们最初是因为局地工业污染开始认识到环境污染问题的，因此在很长一段时间里，人们都认为是技术问题引起了环境污染，所以人们将环境污染治理作为解决环境问题的主要方式。在这个阶段，发达国家用于环境治理的费用占 GNP 的 1%～2%，发展中国家占 GNP 的 0.5%～1%。虽然在污染治理上消耗了大量的人力、物力和财力，但是人们意识到环境问题并没有从根本上消除。

面对这种情况，人们对环境问题开展了进一步探讨，通过研究发现是因为一些单个的生产厂商将环境成本转嫁给社会，才造成了环境问题，这也就是"环境外部性"理论。该理论认为，人们将环境资源当作可以自由索取利用的公共物品，所以生产厂商在使用自然环境资源时并没有支付费用，即产品成本中并没有包含相应的环境成本，这部分成本直接转嫁给社会了，从而厂商实现了环境成本的外部化。基于该理论，在该发展阶段，社会尤其是政府对生产者采取了许多经济手段，希望以此实现控制环境污染的目的。不可否认的是，这一做法的确对解决环境问题起到了一定积极作用，也促进了环境经济学的迅速发展，但是这一做法并没有从根本上解决环境问题，自然环境仍在继续恶化。

人类社会的生存和发展以物质生产活动为基础，也就是说这是建立在自然环境基础之上的。人们从自然环境中获取需要的资源，之后对资源进行加工、流通、消费、弃置等一系列活动，最终人类活动产生的废弃物又排放到自然环境中去。正是这一链条式的物质流动过程构成了人类所有活动和文明的物质基础。

人类社会不断发展，其占用的物质流量也在不停增长，人口激增，生产力水平大幅提高，人类需求和消费极度膨胀。在这样的条件下，人类无休止的索取与有限的自然资源之间，人类弃置的大量废弃物与有限的环境容纳能力之间产生了不可调和的矛盾。人类社会和自然环境的矛盾是人类社会发展的基本矛盾，随着社会发展这一矛盾也不断激化，最终形成了严重的环境问题。

（二）环境管理的任务

由以上论述可以看出，人们因为错误的自然观和发展观而产生了错误的社会行为，这种行为直接导致了环境问题的产生并且使环境问题日益严重。因此，可以从三个层次来认识环境问题的产生原因，分别为思想观念层次、社会行为层次、人类社会与自然环境系统的物质流动层次。

以此为基础，可以将环境管理的基本任务理解为：使人们对自然环境的基本观念发生转变，调整人类社会对自然环境的社会行为，有效控制人类社会与环境系统之间的物质流动，从而形成一种全新的、和谐的人与自然的关系，促进人类社会与自然环境的和谐共存。

1. 转变人类社会关于自然环境的基本观念

环境管理的根本在于转变观念。人们需要转变所有与环境相关的观念，如发展观、道德观、价值观、科学观、消费观等都应该相应地转变。观念的转变可以从根本上带动整个人类文明的转变。

人类的各种观念已经处于一定的固化状态，所以仅凭环境管理及其教育很难从根本上使人们转变观念，但是通过环境管理可以营造一种健康的环境文化，从而促进人类文明的转变。环境文化的核心是人与自然的和谐发展，开展环境管理的一项重要任务就是要指导和培育这样的文化，通过这种倡导和谐发展的文化取代以人类为中心的不正确的文化。环境管理不仅要培育这样的环境文化，还要采取相应的措施让这种文化内化为人们的思想意识，并指导人们的社会行为，从而促进人类社会与自然环境的和谐共处。

文化在人类的发展进程中具有重要作用。想要从根本上解决环境问题，就必须建立和谐的环境文化代替将环境作为征服对象的文化。因此，环境管理的一项长期的根本性的任务就是指导和培养和谐的环境文化。

2. 调整人类社会的环境行为

环境行为相对于思想观念转变来说是属于较低层次的，但是行为相较于思想观念更具体、更直接。

人类的社会行为可以分为三大类，即政府行为、企业行为和公众行为。政府行为是指国家政府在整体上采取的管理行为，包括制定并组织实施各项政策、法律、发展规划等；企业行为是指各种市场主体进行的商品生产和商品交换的行为，市场主体包括企业和生产者个人；公众行为是指社会公众在其日常生活中采取的一系列行为，如学习、消费、娱乐等方面的行为。三种行为相互制约、相互促进，社会行为的转变会对环境产生不同程度的影响。

政府行为、企业行为和公众行为相辅相成，它们会对环境产生不同影响。政府行为对环境管理起主导作用。政府可以通过制定并发布法令、规章等对市场行为和公众行为进行一定程度的约束和引导。

在这三种社会行为中，政府的决策和规划行为，尤其是涉及资源开发利用或经济发展规划的行为，会对环境产生十分深刻而长远的影响，在这方面产生的负面影响通常是很难或无法弥补和纠正的。市场的主要主体是企业，而企业在其生产经营的过程中采取的不当行为会直接造成环境污染和生态破坏，这就决定了企业在很长一段时间内都会是环境管理的重点。在人口数量少、生产力水平低下的时期，公众行为对环境的影响十分有限，但是随着人口激增、消费水平提高，公众行为对环境的影响越来越大，成为一个值得关注的问题。如全球的生活垃圾产生量远远超过工业固废的量。当前的消费方式，使大量的产品没有得到循环利用，这就导致大量固体废弃物的出现，从而加剧了环境污染，并且浪费资源本身也是对自然环境的伤害。因此，政府应该重视废弃物再利用，将其作为一个适应当前社会的全新的产业部门来发展。此外，政府应该通过实施行政、法律和宣传等手段，直接作用于公众，促使他们转变消费方式，进而促进生产方式的转变。

3. 控制人类社会与自然环境系统中的物质流

从另一个角度来看，可以将人的行为分为两类，即人与人之间的行为和人与自然环境之间的行为。更为准确地说，是人类社会作用于个体人的行为，以及人类社会作用于自然环境的行为。因为个体人之间的行为可能并不会在"环境-社会系统"中的物质流上有所表现，如个体人之间的关心、友爱行为，个体人开展的各种精神文化的创造与交流等。但一般情况下，人类社会作用于个体人和自然环境的行为通常会通过物质流体现，也会表现在基于物质流的能量流和信息流上。

人与人之间的相互作用分为物质和情感两种，人的天性使得人与人之间的情感交流更为重要。人与自然环境之间的相互作用更多的是物质交流。因此，在开展环境管理工作时，应该重视这些行为在物质流动过程中的反映。

从理论角度理解物质流是一个比较抽象的概念，难以把握。但是在实践过程中，物质流表现为一个十分显著的事实。例如，对于丢弃一次性餐盒的问题，环境管理的对象涉及餐盒的丢弃行为、分拣行为、收集行为、运输行为、处理处置行为。这些行为都是以一次性餐盒作为物质基础的，实际上就是餐盒的物质流，而相应的管理便是对废餐盒物质流的管理。在环境管理的过程中，对行为的管理与对作为行为载体和实质内容的物质流的管理具有紧密联系。

从物质流角度看，随着工业文明的产生与发展，这个时期的一个重要特点就是由于人类的物质行为导致一些物质退出了它在"环境–社会系统"中固有的循环，成为对环境有害的污染物。概括而言，就是将破坏物质循环作为代价和手段来换取人类社会的物质财富。人们发展环境管理学，就是为了探索得出可以保证自然固有的物质循环不被破坏的前提下，实现人类社会创造财富、持续发展的正确道路。

4. 促进人与自然的和谐共处

可以看出，环境管理的三项任务是相互联系、互为补充的。环境管理努力达成这三项任务的目标，就是实现人与自然的和谐发展，具体来说就是使人们的观念、人类的社会行为、"环境–社会系统"中的物质流动可以符合人与自然和谐发展的要求。在此基础上，通过制定并推行规章制度、法律法规、社会体制，转变和巩固人们的思想观念，创建一种新的生产方式、消费方式与社会组织方式，最终使人类社会形成一种人与自然和谐发展的生存方式。

通过转变环境观念、调整人类行为、控制环境物质流形成的新的人类社会生存方式，是新时代背景下产生的人类新文明。人类将充分发挥自己的才能和智慧，通过对环境问题的不停反思与探索，创造这种全新的生存方式，而这正是环境管理的最终目的。

二、环境管理的模式

环境问题在很早以前便已经出现，但人类对环境的系统管理却只有几十年的历史。世界各国在环境治理中选择和设计相应的政策、制度、措施的过程中，会明显地受到当时的社会条件、经济水平、科学文化等很多因素的影响和制约。这就导致环境管理模式带有明显的时代特色，并且会随着社会进步不断改进。以我国为例，我国的环境管理模式由以行政管理手段为主的基于末端控制的传统环境管理模式逐渐转向了以多种管理方式综合运用为主的基于污染预防的环境管理模式。

（一）以末端控制为基础的传统环境管理模式

1. 末端控制的含义

末端控制又可以称作末端治理或末端处理，是指在生产过程的终端或者在废弃物排放到自然环境之前，采取一定措施对这些物质进行有效的处理，从而减少排放到环境中的废物总量。

2. 我国末端控制传统环境管理模式的实践

观察我国的环境管理发展历程的前两个阶段，可以看出基于末端控制思想的传统环境管理模式在我国的建立和实践过程。我国环境管理的第一个阶段实现了思想观念的转变，在此期间我国于 1979 颁布了《环境保护法（试行）》，意识到需要通过法律法规进行环境保护，并开始在一些重点污染源上投入资金与人力；我国环境管理的第二个阶段确定了环境保护在我国整体规划中的重要地位，将其确定为我国的一项基本国策，并提出了"三同步、三统一"的环境管理方针，确立了以强化环境管理为主的"三大政策"，并形成了以环境影响评价、"三同时"、排污许可证、城市环境综合整治定量考核、污染集中控制等制度为基本内容的环境管理体系。将环境污染防治的重点放在生产、生活活动与环境的"接口"处，也就是强调对污染物进行有效的达标控制，将人力、物力、财力集中在环境保护的"末端处理"上。

环境法规定，企事业单位等需要按照排污收费制度严格执行落实。国务院颁布了《征收排污费暂行办法》，在全国范围内对排放废水、废气、废渣、放射性污染物等有害物质的行为人实行收费，通过这种方式对排污者施加一定的经济压力，以实现防治污染的目标。但是由于没有健全的企业利益约束机制，费率也比较低，这些措施并没有在实践中取得很好的刺激作用。

此外，污染物排放标准的制定和执行普遍将"末端处理"行为作为主要目标。虽然我国已经制定并推行了排污许可证制度，对排污总量进行了规定，对各污染源的排放指标进行规定，但是重点却还是污染物的"末端处理"。由此可见，我国在环境污染防治方面的行政控制手段可以概括如下：在经济计划方面，法律要求要在宏观决策的层次上重视环境保护，将其纳入国民经济和社会发展计划，并且根据实际情况制定环境保护规则并执行落实；在微观技术层次上，要让环境保护成为企业管理的一个重要部分；在中观管理层次上，要采取相应的行政管理制度和措施，各个层次相互联系、互为补充，构成了我国环境污染防治的行为控制体系。

（二）以污染预防为基础的环境管理模式

1. 基于污染预防思想的环境管理模式

（1）源削减

源削减是指减少在回收利用、处理或处置之前进入废物流或环境中的有害物质、污染物的数量的活动，以及减少这些有害物质、污染物的排放对公众健康和自然环境造成危害的活动。对已经排放的污染物进行回收利用、处理处置并不属于源削减，这明显与之前的污染控制有很大区别。

源削减是一种环境保护思维的转变，以此为基础，环境立法、环境管理工作的实施都会将避免污染的产生作为重点，而不是之前的将重点放在污染产生后的处理上。不论是从理论角度，还是从实践角度来看，生命周期评价管理都是在环境污染源头控制方面十分有效的途径。随着世界各国逐步推行可持续发展战略，环境保护在全球范围内从终端处理向污染预防的方向发展。为此 ISO 14000 向各企事业单位和社会团体推荐，应该自觉主动地进行生命周期评价管理。

（2）废物减量化

污染物预防在最初主要是开展"废物减量化"或"废物最小化"工作，也就是促使产生者减少有害物的体积和毒性。具体来说，这包括开展在生产过程中减少废物产生的活动、废物产生后进行科学合理的回收利用活动、对废物进行处理减少其体积和毒性的活动。"减量化"并不是指一定要削减废物的生产量以及废物本身具有的毒性，而是旨在减少需要处置的废物的体积和毒性。

与末端控制相比，废物减量化具有显著的优越性。例如，比较化工、轻工、纺织等 15 个企业的投资与削减量效益，废物减量化的环境投资削减污染物负荷要明显高于末端治理。但是，即使对废物进行相应的处理和回收利用，仍然有可能对人体的安全健康以及自然环境造成一定危害，所以废物减量化通常是对废物管理措施的一种良性改进，并不是完全消除废物管理。可以看出，虽然"废物减量化"具有预防的性质，但实际上仍然与处理已经产生的有害废物有紧密联系，因此具有较大的局限性。

（3）循环经济

循环经济是指物质闭环流动型经济，20 世纪末污染预防环境管理模式逐渐成形，以此为背景提出了这一概念。虽然循环经济已经提出一段时间，但目前仍然处于探索阶段。循环经济实际上是一种生态经济，强调的是清洁生产和综合利用废弃物，这种经济模式要求人类遵循并利用生态学规律开展经济活动。

循环经济与传统经济有明显的区别，传统经济是由"资源—产品—污染排放"所构成的物质单向流动的经济。人类对自然资源和能源进行大肆开发利用，在其生产加工和消费的过程中会产生污染和废物，人们又将这些排放到自然环境中，这种资源开发与利用是粗放式的和一次性的，这是通过持续不断地开发利用自然资源和能源并将其变成废物，从而实现经济增长目标的发展模式，会造成资源的短缺和耗竭，会直接导致环境遭到破坏。而循环经济倡导的是一种建立在物质不断循环利用基础上的经济发展模式，它要求把经济活动组织成一个"资源—产品—再生资源"的反馈式流程，所有的物质和能源都会在这个不断进行的经济循环中得到合理和持久的利用，通过这种方式最大限度地降低经济活动对自然环境的影响。循环经济充分利用物质、能量梯次和闭路循环，在这样的经济模式下会实现"低排放"甚至"零排放"，同时将清洁生产、资源综合利用、生态设计和可持续消费等有机地结合在一起，坚持遵循并运用生态学规律，以此创建新型的经济发展方式。循环经济概念的出现和发展，使传统经济转向可持续经济有了战略性的理论范式，通过循环经济模式可以从根本上解决环境保护和经济发展之间的矛盾和冲突。

2. 污染预防环境管理模式的基本内容

（1）组织层面的环境管理

当代社会的各种组织，同时具有输入与输出的综合功能，它们和外部环境之间具有密切联系，形成了一个系统，这里所说的组织是指管理的组织职能。从管理职能的层面来说，"组织"一词具有双重意义：一是指字面意义上的组织，这是一种组织形态的语言表达；二是在动词意义上的组织，也就是指组织开展各项管理活动。清洁生产是组织层面环境管理的一项重要工作，这部分内容在工业污染从传统的末端治理转向以污染预防为主的生产全过程控制中具有十分重要的作用。

实行清洁生产意味着一种综合的预防环境污染战略会连续地应用于工艺过程和产品，以此有效地降低污染对人体和环境的风险。清洁生产技术有很多种，大致可以概括为节约原材料和能源、消除有毒材料以及有效降低所有排放物与废物的数量与毒性。产品的清洁生产强调减少产品的整个生命周期对环境的影响，也就是指从获取原材料直至产品的最终处理处置的整个过程的清洁性。

（2）产品层面的环境管理

产品是环境管理的基本要素，产品层面的环境管理的重点在于充分并合理地发挥管理的协调职能，研究的重点在于单个产品及其在生命周期不同阶段的环境影响，并以研究为基础进行产品设计，从而更好地协调发展与环境之间的冲突。由此可见，产品层面的环境管理主要涉及工业企业的污染预防和 ISO 14000 系列标准认证两部分内容。

①工业企业的污染预防。工业企业是造成环境污染的主体，同时也是环境保护和防治工业污染的主体，因此，通常将企业作为主要对象建立并实施环境体系，使环境管理可以贯穿渗透到企业管理中，坚持以预防为主，促进企业转变其环境行为与环境表现，科学有序地减少直至消除企业对环境的污染。企业主体在坚持污染预防方针时，应该严格遵循以下原则。

第一，采取一切具有可行性的先进技术，尽可能消除或减少在企业生产、使用和服务过程中产生的废物或对环境的污染。

第二，对于通过可行性技术无法消除的废物，尽可能地将其回收再利用或综合利用；在充分保证安全的前提下，对无法再利用的废物进行妥善处理，根据废物的性质选择掩埋、排放等处理方式，以此减少对人类和环境的伤害。

第三，如果一些污染无法通过源头控制消除，应该采取适当的末端处理技术，以使污染达到环境控制标准的要求。

通过污染预防方针的有效指导，针对控制污染产生了多种对策和技术措施，如清洁生产、产品生态设计、生态工业以及生命周期评价管理等。在实施环境管理体系的过程中，必须按照情况使用一定污染防治技术，以此实现环境指标。

②污染预防与 ISO 14000 系列标准。在全球环境保护的大趋势下，各个国家、地区、经济组织、集团公司都会制定并实施相应的环境管理标准和环境标志制度，而各自不同的标准和制度可能导致新的贸易壁垒产生，为了避免这一现象就需要制定一个全球统一的包括环境标志、生命周期在内的环境管理体系。基于此，形成了 ISO 14000 标准系列。ISO 14000 标准包含的内容广泛，它是一个庞大的体系，如环境管理体系、标准审核、环境标志和生命周期评定等都是其重要内容。

ISO 14000 标准制定并实施的最终目标，是通过结合环境管理和经济发展形成合力，对企业、事业和社会团体等所有组织的环境行为进行有效规范，实现资源的科学合理配置和使用，最大限度地降低人类活动对环境造成的污染，促进人类社会和自然环境的和谐共存，保证经济的可持续发展。

（3）活动层面的环境管理

活动层面的环境管理主要通过管理的控制职能得以体现，重点在于阐明各类环境管理的内容、程序和要求，在环境管理的各个方面都要强调可持续发展战略。我国的可持续发展环境战略包括三个方面：一是同时重视污染防治以及对生态环境的保护；二是将预防作为重点，对全过程进行合理控制；三是重点开展流域环境综合治理工作，以此有效带动区域环境保护。尤其是对环境污染和生态破坏实施全过程控制这一要点，就是指从根源上实现环境污染的有效预防，十分显著地体现了环境战略思想和污染预防环境管理模式。具体来说，以防为主实施全过程控制包括以下三个方面的内容。

①经济决策层面。经济决策是可持续发展决策的重要组成部分，它涉及环境与发展的各个方面，并不是指纯粹的经济决策，它包含了环境保护的理念。只有对经济决策进行科学有效的全过程控制，才可以有效地实施环境污染与生态破坏全过程控制。而这就需要建立环境与发展综合决策机制，以此对区域经济政策进行科学的环境影响评价。从宏观经济决策的层面来说，这样可以尽可能降低未来可能的环境污染与生态破坏。2003 年，我国颁

布了《环境影响评价法》，其中明确规定对规划的环境影响评价，是经济决策全过程控制的重要保障。

②物质流通层面。物质流通需要通过生产和消费这两个环节实现，污染物也是在生产和消费领域中产生的。因此，对污染物的全过程控制要包括两个部分，即生产领域的全过程控制和消费领域的全过程控制。生产领域的全过程控制是指从获取资源、管理资源开始，到产品的开发、确定产品的生产方向和方式、选择适合的企业生产管理对策等。消费领域的全过程控制是指选择恰当的消费方式、调整消费结构、对消费市场进行管理、选择消费过程中涉及的环境保护对策以及对消费后产品进行回收和处置等。目前，已经有很多国家建立了环境标志产品制度，按照一定标准规定市场环境准入。虽然可以通过市场准入进行一轮筛选，但是在产品进入市场后，还需要运用一定经济法规手段进一步开展环境管理工作。

③企业生产层面。企业是造成环境污染与生态破坏的主要主体，因此，为了有效防止工业污染就有必要实施企业生产的全过程控制，而这就需要通过 ISO 14001 认证和清洁生产来实现。清洁生产可以体现一个国家在环境政策、经济政策、资源政策和环境科技等方面在污染防治方面的实际情况，可以从根本上控制污染物总量，可以推动"三同步、三统一"大政方针的有效贯彻，促进企业转变传统的投资方向，促进解决工业环境方面的问题，有力推进经济的可持续增长。

三、环境管理制度

（一）"三同时"制度

1. "三同时"制度的概念

"三同时"制度是我国首创的并为我国法律所确认的一项重要的控制新污染源的环境管理制度，具有中国特色。从广义上讲，"三同时"管理是从宏观上、整体上、规划上去保证经济建设、城乡建设与环境建设同步规划、同步实施、同步发展，达到经济效益、社会效益与环境效益三统一战略方针的有力措施。通常所指的"三同时"制度则是针对"三同步"方针中规定的"同步实施"这一关键要求去监督所有新建、扩建、改建项目、技术改造项目、区域开发建设项目以及可能对环境造成损害的其他工程项目，其有关防治污染和其他公害的设施和其他环境保护设施必须与主体工程同时设计、同时施工、同时投产。

2. "三同时"管理制度的目的

该项制度是根据"预防为主"的方针，落实防治开发建设活动对环境产生污染与破坏的措施，并根据"以新带老"的原则加速治理已有的污染，防止新建项目建成投产后，出现新的环境污染与破坏，以保证经济效益、社会效益与环境效益相统一。

我国对环境污染的控制，包括两个方面：一是对原有老污染源的治理，二是对新建项目产生的新污染源的防治。我国在20世纪50年代和以前建设的老企业，一般都没有防治污染的设施，这是我国环境污染严重的原因之一。如果新建项目不采取污染防治措施，势必随着社会经济的发展，增加大量新的污染源，这样，我国将面临一种污染不能控制而且步步恶化的可怕局面。"三同时"制度的建立，则是防止新污染产生的卓有成效的法律制度。

"三同时"制度的实行必须和环境影响评价制度结合起来，成为贯彻"预防为主"方针的完整的环境管理制度。因为只有"三同时"而没有环境影响评价，会造成选址不当，只能减轻污染危害，而不能防止环境隐患，而且投资巨大。把"三同时"和环境影响评价结合起来，才能做到合理布局，最大限度地消除和减轻污染，真正做到防患于未然。因此，该制度与环境影响评价制度被称为我国环境保护工作的"两大法宝"。

（二）环境影响评价制度

环境影响评价，又叫环境质量预断评价，是指在一定区域内进行开发建设活动，事先对拟建项目可能对周围环境造成的影响进行调查、预测和评定，并提出防治对策和措施，为项目决策提供科学依据。环境影响评价具有预测性、客观性、综合性、法定性等基本特点。

1. 环境影响评价制度的意义

环境影响评价制度是环境影响评价在法律上的表现。我国在这方面的法规有：1998年颁布的《建设项目环境保护管理条例》以及1989年国家环保局发布的《建设项目环境影响评价证书管理办法》。

实行环境影响评价制度有如下三点重要意义：一是可以把经济建设与环境保护协调起来；二是可以真正把各种建设开发活动的经济效益和环境效益统一起来，把经济发展和环境保护协调起来；三是体现了公众参与原则。

2. 环境影响评价的内容和形式

环境影响评价主要包括以下五个方面：①评价的对象是拟定中的政府有关的经济发展规划和建设单位兴建的建设项目；②评价单位要分析、预测和评估所评价对象在其实施后可能造成的环境影响；③评价单位通过分析、预测和评估，提出具体而明确的预防或者减轻不良环境影响的对策和措施；④环保部门对规划和建设项目实施后的实际环境影响，要进行跟踪监测和评价；⑤环境影响评价制度则是有关环境影响评价的范围、内容、程序、法律后果等事项的法律规则系统。

根据建设项目所做的环境影响评价深度的不同，立法上把环境影响评价分为两种形式：一是环境影响报告书，二是环境影响报告表。

（三）排污收费制度

1. 排污收费制度的概念

排污收费制度是指国家环境管理机关根据法律规定，对排放污染物的组织或个人（即污染者）征收一定费用的制度，这是贯彻污染者负担原则（PPP）的一种形式。在国外称污染收费、征收污染税或生态税。

2. 征收排污费的对象

直接向环境排放污染物的单位和个体工商户（以下简称排污者），应当依照条例的规定缴纳排污费。

排污者向城市污水集中处理设施排放污水、缴纳污水处理费用的，不再缴纳排污费。排污者建成工业固体废物贮存或者处置设施、场所并符合环境保护标准，或者其原有工业固体废物贮存或者处置设施、场所经改造符合环境保护标准的，自建成或者改造完成之日起，不再缴纳排污费。

国家积极推进城市污水和垃圾处理产业化。城市污水和垃圾集中处理的收费办法另行制定。

3. 征收排污费的范围和标准

排污者应当按照下列规定缴纳排污费。

（1）依照大气污染防治法、海洋环境保护法的规定，向大气、海洋排放污染物的，按照排放污染物的种类、数量缴纳排污费。

（2）依照水污染防治法的规定，向水体排放污染物的，按照排放污染物的种类、数量缴纳排污费；向水体排放污染物超过国家或者地方规定的排放标准的，按照排放污染物的种类、数量加倍缴纳排污费。

（3）依照固体废物污染环境防治法的规定，没有建设工业固体废物贮存或者处置的设施、场所，或者工业固体废物贮存或者处置的设施、场所不符合环境保护标准的，按照排放污染物的种类、数量缴纳排污费；以填埋方式处置危险废物不符合国家有关规定的，按照排放污染物的种类、数量缴纳危险废物排污费。

（4）依照环境噪声污染防治法的规定，产生环境噪声污染超过国家环境噪声标准的，按照排放噪声的超标声级缴纳排污费。排污者缴纳排污费，不免除其防治污染、赔偿污染损害的责任和法律、行政法规规定的其他责任。

（5）负责污染物排放核定工作的环境保护行政主管部门，应当根据排污费征收标准和排污者排放的污染物种类、数量，确定排污者应当缴纳的排污费数额，并予以公告。

（6）排污费数额确定后，由负责污染物排放核定工作的环境保护行政主管部门向排污者送达排污费缴纳通知单。排污者应当自接到排污费缴纳通知单之日起7日内，到指定的商业银行缴纳排污费。商业银行应当按照规定的比例将收到的排污费分别解缴中央国库和地方国库。具体办法由国务院财政部门会同国务院环境保护行政主管部门制定。

第二节　可持续发展理论

一、可持续发展的主要原则

所谓可持续发展理论指不仅满足当代人的需求，同时没有对后代人满足他们需求的能力带来危害的行为。它通常包含三个方面，分别是生态、经济以及社会。所谓生态可持续发展则指维系健康的自然过程，确保生产系统的生产力和功能，维系自然资源基础和环境。所谓经济可持续发展则指确保经济可持续增长，特别是迅速提升发展中国家的人均收入，与此同时，采取经济手段管理资源和环境。而社会可持续发展则指长时间满足社会的各项基本需求，维持资源与收入在每代人之间的公平、公正分配。可持续发展有着非常丰富的内涵，不过通常来讲，其基本原则体现在以下三个方面。

（一）持续性原则

资源和环境属于可持续发展的重要限制性因素，如果没有资源和环境，那么人类就无法生存和发展。所以，资源的持久使用和环境的可持续性成为人类实现可持续发展的一个重要保证。人类要想更好地发展就不能够给地球生命支撑系统的大气、水、土壤、森林、生物等诸多自然条件带来损害，对其开发和利用的强度和规模无论如何不能超越其本有的承载能力。

（二）公平性原则

公平性原则包含两方面，分别是代内公平和代际公平。代内公平是指世界各国按其本国的环境与发展政策开发利用自然资源的活动，不应损害其他国家和地区的环境；给世界各国以公平的发展权和资源使用权，在可持续发展的进程中消除贫困，消除人类社会存在的贫富悬殊、两极分化状况。代际公平是指在人类赖以生存的自然资源存量有限的前提下，要给后代人以公平利用自然资源的权利，当代人不能因为自己的发展和需求而损害后代人发展所必需的资源和环境条件。

（三）共同性原则

可持续发展是全人类的发展，必须由全球共同联合行动，这是由于地球的整体性和人类社会的相互依存性所决定的。尽管不同国家和地区的历史、经济、政治、文化、社会和发展水平各不相同，其可持续发展的具体目标、政策和实施步骤也各有差异，但发展的持续性和公平性是一致的。实现可持续发展需要地球上全人类的共同努力，追求人与人之间、人与自然之间的和谐是人类共同的道义和责任。

二、可持续发展的主要流派

截至目前，可持续发展的一些基本理论仍然在不断探究和形成中。如今可持续发展理论探究主要分为下面几大流派：不仅有生态学方面的，而且有经济学方面的，同样有社会学方面的、系统学方面的以及环境社会系统发展学方面的。以上几大流派从各不相同的角度、各不相同的方面，分析、探究了可持续发展具有哪些基本理论和方法。

（一）生态学方面

认为生态、环境和资源的可持续性成了人类社会实现可持续发展的重要基础。它们把生态平衡、自然环境保护、环境污染治理、资源合理开发与持久利用等视作最基本的分析和研究的对象和内容，而且把自然环境保护同经济快速发展之间所取得的平衡视作可持续发展的极其重要的指标和手段。

（二）经济学方面

经济的可持续发展是实现人类社会可持续发展的基础与核心问题。它将区域开发、生产力布局、经济结构优化、物资供应需求之间的平衡等诸多区域可持续发展过程中的经济学问题视作基本研究内容，而且把"科技进步贡献率抵消或者克服投资的边际效益递减率"视作衡量可持续发展的一个重要指标和基本手段，大力肯定科学技术对于实现可持续发展所发挥的决定性作用。

（三）社会学方面

创建可持续发展的社会成了人类社会发展的最终目标。它把人口增长与控制、全面消除贫困、社会经济发展、分配公平公正、利益均衡等诸多社会问题视作基本分析和研究的对象和内容，而且把"经济效率与社会公正之间的平衡"视作可持续发展的重要判据和基本手段，这同时成了可持续发展所孜孜追寻的社会目标和伦理规则。

（四）系统学方面

可持续发展分析研究的对象为"自然—经济—社会"这一错综复杂的大系统，采取系统学的理论和方法，通过综合协同这一观点去分析探究可持续发展的本源是什么和可持续发展有哪些演化规律。

（五）环境社会系统发展方面

人类社会同自然环境所构成的是一个无法分割的整体。人类的生活方式主要彰显在人类社会的生产方式、生活方式和组织方式方面，人类的生存方式受到人类社会与自然环境之间的相互作用这一决定因素影响。

三、"三种生产"理论及其在环境管理中的地位

（一）"三种生产"理论的概念模型

在"三种生产"理论中我们能够了解到，世界系统本质上属于一个由人类社会与自然环境组合在一起的错综复杂的大系统，可以称作"环境社会系统"。在世界系统中，人与环境的联系十分密切，这种联系主要体现在人与环境之间的物质、能量以及信息的流动方面。

在以上三种流动中，物质的流动属于基本的，它属于能量以及信息的流动的基础和载体。其中，在物质运动这一基础层次上，又能够划分成三个子系统：其一，物资生产子系统；其二，人口生产子系统；其三，环境生产子系统。实际上，整个世界系统无论是运动抑或是变化均取决于这三个子系统本身内部的物质运动，以及各个子系统之间的联系程度，即这里所讲的"生产"，即有输入、输出的物质变化活动的整个过程。

（二）物资生产、人口生产、环境生产的内涵以及联系

简单来讲，物资生产指人类从环境中获得生产资源且接受人口生产过程中所产生的消费再生物，同时把它们转变成生活资料的整个过程。这一过程所生产出的生活资料能够满足人类的物质需求，而且产出加工废弃物返回自然环境中。

所谓人口生产则指人类生存和繁衍的整个过程。这一过程消费物资生产所供应的生活

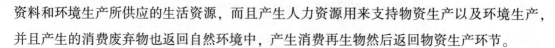

资料和环境生产所供应的生活资源，而且产生人力资源用来支持物资生产以及环境生产，并且产生的消费废弃物也返回自然环境中，产生消费再生物然后返回物资生产环节。

所谓环境生产则是指在大自然和人力共同作用之下环境对于其自然结构、功能以及状态的维持与改善，包含两个方面，分别是消纳污染和产生资源。

从中可以看到，这三种生产的关系呈现出环状结构。无论哪一个"生产"不顺畅均会对整个世界系统的持久运行带来危害。换句话说，这三种生产之间的协同程度对于人类和环境这一巨大系统中物质流动的顺畅流通程度起到决定性作用。

物资生产环节有两个基本参量，其一是社会生产力，其二是资源利用率。其中，社会生产力同生产生活资料的总能力相对应，而资源利用率则意味着"物资生产"从环境中所获取的资源和在"人口生产"过程中所获取的消费再生物被转换成生活资料的比例。一国资源利用率越高，那么也就表明在同样的生活资料需求条件下，物资生产过程在环境中所获取的资源也就越少。所加载到环境中的废弃物也就越少。总体来讲，社会生产力快速发展，加工链节节点急剧增加，资源利用率大幅度下降，成了工业文明在物资生产领域的三大基本特征。

人口生产环节有三个基本参量：其一是人口数量，其二是人口素质，其三是人口消费方式。其中，人口数量和消费方式对于社会总消费发挥决定性作用，这成了"三种生产"环状运行的最基本动力，而社会总消费的持久增长则成了世界系统失控的最根本原因。

人口素质包含人的科学技术知识水平和文化道德素质，其不但对于人参与物质资源生产、环境生产的态度和能力起着决定性作用，同时具有调节自我生产的能力以及消费方式的能力。所以，人口素质的全面提升不但彰显在物质资料生产、环境生产的提升和人口生产方式的改善方面，更为重要的是彰显在调节三种生产之间关系的能力提升方面。

消费方式不仅能够反映人的物质生活水平而且能够体现人的文化道德水准。极端奢侈，尽量享受的生活方式一直为人类新文明所不齿。但是倡导绿色消费、清洁消费、注重文化生活，成了与创建可持续发展所要求的消费模式相符的重要内容。而在工业文明时代（诸如蒸汽时代），刺激消费恶性增长的理论和行为对于人们的消费方式和消费水准有着非常大的影响：人类的需求同商品联系在一起，人类成了商品生产的奴隶，进而无限期地增强了对于环境资源的开发利用和对于环境污染的超负荷，这成了工业文明发展模式无法持续的一个重要根源。

环境生产环节有两个基本参量，其一是污染消纳力，其二是资源生产力。环境接受那些从物资生产过程中所返回的加工废弃物和那些从人类的生产过程中所返回的消费废弃物，它所消解这些废弃物的能力具有一个限度，该限度称作污染消纳力。如果环境所接受的那些废弃物的种类和数量超过它的污染消纳力，那么就会使得环境质量大大降低。不仅如此，环境产生或者再生生活资源和生产资源的速度同样具有一个限度，该限度称作资源生产力。如果物质资料生产过程在环境中开发利用资源的速度超越了环境自身的资源生产力，那么便会引起资源的环境要素的存量大大降低。

所以，伴随着社会总消费的增加，只保护环境是远远不够的，还需要积极地去创建环境，增强环境生产，大力提升环境的污染消纳能力和资源生产能力。只有意识到污染消纳能力和资源生产能力在世界系统运行中占据基本参数地位，同时把环境建设发展为一种全新的基础产业，才能够使得环境生产承担起其在可持续发展过程中所应有的使命。在人口基数消费水平一时居高不下，然而社会总消费和社会生产力持续提升的现实条件下，增强环境生产成了当务之急且有着长久意义。

（三）"三种生产"理论对人类社会发展过程及环境问题的解释

人类社会截至目前的文明历程能够分成三大阶段，分别是原始文明、农业文明以及工业文明。在以上三个阶段之中，人类与自然环境所组合成的世界系统经历了十分漫长的演变过程，人类对于此系统的认知同样经历了一个错综复杂而又曲折不断的历程。

在原始文明时期，世界系统中发挥主导性作用的为环境生产，这一阶段人口十分稀少，物资生产能力极其微弱，大体上均包含在环境生产之中。这个时候，人类同自然浑然一体，成为自然界的一部分。所以世界系统从实质上来讲就是自然环境。

而在农业文明时期，人口生产同环境生产之间的相互作用在世界系统运行中占据主导地位。根据人口生产的规模，我们又能够将农业文明时代划分成三大阶段：其一，早期阶段，物质资料生产的功能还没有在世界系统的运行中凸显出来；其二，中期阶段，物质资料生产虽然有所显现，不过仅仅属于人口生产的一个附属成分；其三，伴随着物质资料生产规模的逐渐扩大，它日益发展成了一个十分独立的系统，而渐渐从人口生产子系统之中脱离开来，这处于农业文明的晚期阶段。

而在工业文明时代中，物质资料生产无论是规模还是功能抑或是作用均日益强大，它所占据的地位由从属发展为主导，从而能够同人口生产、环境生产并列在一起，共同凭借环状联结构成了一个世界系统。

由一种生产然后到两种生产接着到三种生产，彰显出人类对于世界系统的认知过程。如今，环境问题依然极其尖锐，人类不仅意识到了环境生产所发挥的重要作用，而且认识到无论是人口生产还是物资生产，均需要适应环境生产的能力。承认环境生产所发挥的作用以及在世界系统中所占据的重要地位成了处理环境问题的重要出发点。

"三种生产"理论无论是对于环境管理工作抑或是环境管理理论体系的构建均有着十分重要的指导意义，主要体现在以下五个方面。

1. 阐述了人类与环境关系的本质

从"三种生产"环节之间的物质联系关系中我们能够看到，环境生产环节成了人口生产和物质资料生产这两大环节存在的前提条件和基础，物质资料生产在本质上将环境生产所产出的那些自然资源视作加工的原材料，凭借环境的自净能力来消受容纳所排放出的污染物，而人口生产推动了这个世界系统的运行。这个世界系统的稳定运行借助于"三种生产"环节间物质流动的顺畅流通来保证，"生产"这个词语彰显出了人类同环境关系的动态性以及发展性，同时对于人与自然关系的基础层面进行了阐述。

2. 揭示了环境问题的实质以及产生的根源

从"三种生产"理论中我们同样能够发现，环境生产这一环节在输入—输出方面的失衡成了环境问题发生的根本原因。在环境生产这一环节，所输入的（排除太阳能）为人类在消费和生产环节所排放出的废弃物，这些废弃物不仅无法被环境亲和，同时还破坏和削弱了环境对于这些废弃物的消纳能力和对于资源的生产能力。而输入—输出方面的失衡使得自然环境系统运行得并不稳定，进而引起世界系统结构和运行的不稳定。因此，环境问题的实质就是引起"三种生产"环状结构运行缺乏和谐的人类社会行为问题。该实质成了我们分析、研究以及解决环境问题的根本立足点。

3. 指明了环境管理的重要目标和任务

从"三种生产"所构成的世界系统图中能够发现，要想使得它们运行得十分和谐，就需要使得物质在该系统之中顺畅流通，需要使得所有生产环节的物质输入同输出之间保持平衡。换句话说，需要在既有的物质流通环节附加一个功能单元。该功能单元应当能够把人类在生产和生活中所排出的"废弃物"通过与环境亲和的形态进入自然环境中，抑或是重新转化为物质资料生产子系统能够利用的资源，从而使得人类社会对于自然资源的开发利用程度、废弃物的排放程度同环节生产能力相符。所以，环境管理的重要目标和任务，其实就是促进该新单元的创建，进而确保"三种生产"物质流的顺畅流通。

4. 明确了环境管理的重要领域和调控对象

从"三种生产"理论中我们同样能够发现，环境问题的产生常常位于各种"生产"系统的交互界面中，也就是相互交叉的场所。比如森林，从一方面来讲，它的经济价值决定了人类需要合理开发利用它；从另一方面来讲，它的生态价值决定了其不允许被肆意砍伐，这也就使得人类社会的行为在环境生产这一子系统和物资生产这一子系统的界面上有着矛盾。不仅如此，环境问题之所以发生往往是因为自然的、地理的、行政的等诸多不同边界上的活动缺乏协调性，如河流、海洋以及其滨江、滨海地带，城镇和农村的混合地带，还有省份与省份、城市与城市的交界处的活动等。这些均有力地表明环境管理的重要领域应当集中发生在各式各样的交互界面中的人类社会行为和行动。

5. 奠定了环境管理学的方法论基础

"三种生产"理论有力地表明，为了人类社会健康持久地发展，人类需要致力于人与环境之间关系的和谐，具有良好的社会行为。然而要想使得物质资料在"三种生产"子系统之间做到流动顺畅，就是必须协调和协同。将人类社会有关的"三种生产"运行的行为协同在一起，将"三种生产"子系统本身的利益追求同世界系统物流顺畅流通的要求协调在一起成为环境管理方法论的基础。

第三节 管理学与行为科学理论

一、管理学理论

管理学属于系统分析和研究管理活动的基本规律和一般性方法的科学，它是在近代社会化大生产环境下和自然科学与社会科学逐渐发展的基础上形成的。管理学的最终目的为分析和研究现有的条件下怎样凭借科学、合理地组织和配置人类、财产、物质等诸多因素，进而提升生产力水平。

（一）管理学概述

1. 管理与环境问题

在 20 世纪中叶之后，环境问题越来越严重，人与自然环境之间的矛盾越来越激化，从而使得在全球领域的人均能够感受到"继续生存所面临的危机"。开始，人们并没有对其在意，认为依靠自己的、日益发达的科学技术，一定能够制止环境的恶化，使得环境恶化朝好的方向发展。不过，事与愿违，科学技术虽然治理了一些环境问题却又引起了更多新的环境问题的发生。所以，人类被迫从纯粹依赖治理技术的种种局限中跳出来，转而朝着"管理"的方向寻求出路。

朝着"管理"的方向寻求出路，其实就是进行环境管理。因为人类社会的生存方式具有很多特点，诸如传承性、国际性、历史性，所以这成了一项前所未有的十分艰巨的管理活动和任务。站在这个角度上进行分析，在决定人类未来命运的种种环境问题面前，环境管理成了使人类社会能够健康、持久生存和发展的重要的管理活动。

很明显，环境管理同现代管理理论和方法的支持分不开。这必然需要环境管理的学习人员、研究人员和实践人员均能够了解、掌握且将某些管理学知识运用于实践中。

2. 管理的基本职能

管理具有五项基本职能，分别是计划、组织、领导、控制以及创新。其中，计划则指制定目标且明确为实现这些目标所需要的行动，而计划职能包含很多具体内容，诸如定义目标、制定战略、制订子计划以及一些必要的协调活动等。所谓组织则指为了完成计划目标，对于需要做哪些、如何做、谁去做等诸多问题进行安排的一种行动。而计划在执行过程中需要很多人的合作，借助于组织共同的努力，同那些各个个体行动的总和相比有着更大的力量，而且效率更高。所以，组织属于管理活动中一项重要的职能。所谓领导则指管理人员通过指导和激励整合组织里全部群体和个体的行动，进而完成组织目标的职能。所谓控制则指通过监控、评估等一系列活动，以及排除各种各样因素的干扰，用来保证计划实施的行动。所谓创新则指在计划、组织、领导以及控制等一系列管理活动之中，面临所涌现出的新问题、新情况的时候所采取的新方式和新方法。而创新职能本身并没有一些特有的表现形式，其自始至终在同其他管理职能的结合中彰显着自己的存在与价值。

（二）管理学的主要理论

在 20 世纪 80 年代之后，管理学的理论丛林持续加入新的成员，"理论丛林"成了现代管理学中的主要理论内容。美国著名管理学家孔茨（Horold Koontz）在他 1961 出版的著作《管理理论的丛林》和 1980 年出版的《再论管理理论的丛林》里提出和论证了管理理论处在"丛林"状态中，且认为该"丛林"至少可以划分成以下 11 个学派。

1. 管理过程学派

管理过程学派将管理视作在组织中通过其他人或者同其他人一同完成工作的过程。这一学派着重强调管理过程自身所具有的重要性以及同社会学、经济学等其他学科之间有哪些区别，提倡根据管理的组织、计划、控制以及领导这四大职能创建一个分析和探究管理问题的概念框架，将相关知识汇集起来，形成了管理学科。

2. 人际关系学派

人际关系学派的前身为人类行为学派，提倡将人际关系作为中心用于管理学分析和研究。这一学派将同社会科学相关的，既有的或者最近所提出的理论、方法以及技术视作分析研究人际关系以及现象的对象，由个体的个性特点到文化关系，涵盖的范围十分广泛，无所不包。这一学派内部虽然有着不少不同的观点，不过都强调"人"的因素，强调心理学和社会心理学。人际关系虽然具有很多作用，不过并不能因此说人际管理涵盖了管理的一切，纯粹人际关系的分析和探究还远远不够创建一种相关的管理科学。

3. 群体行为学派

这一学派同人际关系学派有着十分密切的关系，不过它所关心的通常是某些特定群体的行为，而并非人际关系和个人行为。这一学派基于社会学、人类学以及社会心理学，而并非基于个人心理学。这一学派强调分析和研究不同群体的行为方式，无论是小群体的文化和行为方式抑或是大群体的行为特点，都在其分析和研究之列，往往也被人类称作"组织行为学"。其中"组织"这个词语能够表示企业、政府机构、医院或其他所有群体关系的体系和类型。这一学派所具有的最大问题可能总是把"组织行为"与"管理活动"混淆。群体行为属于管理的一个重要方面，不过它同管理并不能画上等号。

4. 经验学派

这一学派提倡借助于分析经验（通常情况下为一些案例）来分析和研究管理。这一学派持有这样的观点：管理专家学者和实际管理人员通过研究海量的管理案例，就能够十分容易地理解管理问题，逐渐学会管理。这一学派有时候也想获得一个方法，不过常常仅仅将它视作一种向那些实际管理工作人员和管理专家学者传授管理经验的方法，也就是"案例教学"。分析和研究管理经验或分析以往管理过程有着极其重要的意义，不过没有经过科学提炼和分析总结出的管理实践经验也许并不适用于未来所涌现出的新情况。只有致力于探求基本规律的那些分析总结经验，才能够对于管理原则或者理论的提出或是论证有所帮助。

5. 社会协作系统学派

社会协作系统学派有着十分浓厚的社会学气味，所分析和研究的内容同社会学一样。这一学派持有这样的观点：人类需要协作达到克服本身以及环境在生物、社会等诸多方面的不足之处，从而形成一个社会协作系统，且提出了"正式组织"这一概念。所谓正式组织则指人们在其中可以共同分享信息且为同一个共同目标而主动贡献力量的一种社会协作系统。社会协作系统学派无论是其强调的基础社会科学还是社会行为概念的分析，抑或是对于社会系统结构里群体行为的分析和研究，均对于管理学有着十分重要的意义。同管理学相比，该学派的研究内容的范围更广，不过却忽略了不少对于管理人员来讲十分重要的概念、原理和方法。

6. 社会技术系统学派

社会技术系统学派持有这样观点：要处理管理问题，仅仅分析和研究社会合作系统是远远不够的，还需要分析和探究技术系统以及与社会系统之间的相互影响，加上个人态度和群体行为遭到技术系统的影响。所以，需要将企业中的社会系统与技术系统结合在一起考虑，然而管理人员的一项重要任务则为保障社会合作系统与技术系统之间的相互协调。

7. 系统学派

系统学派对于管理学分析、探究的系统方法给予大力强调，在该学派看来系统方法属于形成、表达、阐述和理解管理思想的一项最为有效的方法。其中，系统其实就是由相互联系或者彼此依存的一组事物所组合成的复杂统一体。而系统理论和系统分析已经在自然科学中有着很多应用，而且形成了十分重要的系统知识体系。需要注意的是，系统理论同样能够应用在管理理论与管理科学中。一部分精明老到的管理人员和具有实际经验的管理专家学者，习惯于将他们的工作对象视作一个由彼此联系的因素所组合成的网络系统，在这一系统中各种各样的因素每时每刻均在进行彼此作用。采取系统方法对其给予分析和研究，能够提升管理者和专家学者对于那些影响管理理论与实践的诸多有关因素的洞察力。

8. 决策理论学派

决策理论学派所具有的基本观点为：因为决策成了管理的最为重要的任务，所以应当集中分析和研究决策问题，而且管理将决策作为重要特征，所以也就不难理解为什么管理理论应当紧紧围绕着决策这个核心点来创建。这一学派将评价方案只视作分析整个企业活动领域的立足点，决策理论并非纯粹地局限在某一具体的决策，而是将企业视作社会系统研究，所以同社会学、心理学等一些学科有着很大关联。

9. 数学学派或者"管理科学"学派

虽然各种各样管理理论学派均在某种程度上运用数学方法，不过只有数学学派把管理视作一个数学模型和程序的系统。这一学派的一部分人十分自负地称赞自己为"管理科学家"。这些人所持有的永恒信念则为：只要管理属于一个逻辑过程，就可以采用数学符号和运算关系进行表示。这一学派所采取的主要方法其实就是模型，此学派计划花费所有的精力分析和研究一些类型的问题创建数学模型，精致地给予模拟和求解。虽然数学成了管理学的一个得力助手，不过不易把运用数学方法的人们视作真正具有独立意义的管理理论学派，也就是认为数学属于一种工具而并非一个学派。

10. 权变理论学派

权变理论学派属于经验学派的一大进步，它不再局限于分析和研究一些个别案例，提到一些个别解决方法，而是尝试提出了与特定情况相适应的管理组织方案以及管理系统方案。在这一学派看来，管理人员所在的环境条件对于他们的具体工作起到决定性作用，管理实践本身就需要管理人员在运用理论和方法的时候将现实情况考虑在内。管理科学和管理理论并未也根本不可能提供与所有情况相适应的"最佳办法"。权变理论专家学者广泛地使用了古典理论、管理科学理论以及系统观念进行分析处理问题，其解决问题的方法有三大步骤：第一步是分析问题，第二步是罗列出当时的重要情况（条件），第三步是提出具有可行性的方案和各个行动路线的最终结果。因为不存在两种完全相同的情形，因此对于每一个情境来讲，其处理的方法总是十分独特的。

11. 经理角色学派

经理角色学派受到不少专家、学者和实际管理者的重视，通常通过留意管理人员的具体活动进行明确管理人员的工作内容。明茨伯格对于各种组织中五位总经理的活动给予了系统的分析和研究，在他看来，总经理们并没有根据传统的有关管理职能的划分行事，诸如从事计划、组织、协调以及控制工作，而是进行诸多其他工作。明茨伯格依据自己和其他人对于管理人员具体活动的分析和研究，认为管理人员发挥着十分重要的作用，它们在人际关系中扮演着挂名首脑、领导者以及联络者的角色，在信息中扮演着接受者、传播者以及发言人的角色，在决策过程中扮演着企业家、资源分配人员、故障排除者以及谈判者的角色。

二、行为科学理论

（一）行为科学概述

1. 人类行为与环境问题

如今有一句十分流行的话语："没有买卖，就没有杀害。"虽然人们对于这句话有许多延伸指义，不过最开始它其实是作为保护野生动物公益性广告的宣传语而出现的。这句话能够非常好地表达人类行为同环境问题有着密切关系：如果没有市场买卖的行为，那么就不存在对于野生动物的杀害，就可以保护这些濒危动物。同样，如果没有那些不考虑环境影响的人类行为的出现，那么就不会存在环境问题。

我们能够从中看到，人类行为成了引起当今世界环境问题发生的根源。然而环境问题的成功解决同样依靠人类行为的控制。所以，对于那些给环境带来破坏的人类行为给予深入分析和研究，用来探究环境问题发生的原因和寻找解决环境问题的方法。

站在人与自然环境关系的角度进行分析，人类对于环境施加作用的社会行为虽然很多，不过均能够从以下三个层次上给予考察。

第一个层次为物质流，也就是环境中物质的流动行为，它可以简称为物质流。比如，C、N、S、Fe、Al、Pb 等诸多元素，H_2O、CO_2、SO_2 等诸多自然物质，加上塑料、纸张、农药、橡胶、垃圾等诸多人工合成物质，在生态环境之中，在人类社会中，还有在人类社会与大自然的界面上的流动。以上物质的流动是使得我们这个社会能够正常运行的一个重要基础。如果环境问题发生，那么也就意味着人类社会引起的这种物质流动过程中出现了一些问题。

第二个层次则为价值流，也就是人类社会中通过价值形态所表现出的物质流动行为，简称为价值流。人类社会同自然界有很大的不同，将两者区别开来的一个十分重要的标志则为存在"价值"或者"价格"的概念，采取"价值"尺度判断自然界或者人类社会中物质流究竟是否存在效益，究竟是否合算，便形成了价值流。实际上，伴随着人类社会的快速发展，价值或者价格发挥着十分大的作用，使得价值发展成了人类社会内部不少物质流动的动力。例如，为什么有些人会卖纸张、买纸张、使用纸张、扔掉纸张、回收纸张？答案十分简单，这些卖、买、使用、扔掉、回收纸张的所有环节均具有一个价值或者价格在其中发挥作用。换句话说，价值或者价格对于纸张流动的数量、质量以及去向起着决定性作用。

第三个层次则为人类社会给于环境的行为有着很大作用，尤其是人同物质流、价值流有关的行为，这些行为均会对环境带来一定的影响，所以也可以将这些行为称作环境行为。

2. 行为和行为科学概述

人类的行为受到很多因素的影响，每个人对于同样一件事情有着各不相同的行为。例如，一些人违法吃野生动物的原因是什么？一些人那么喜欢吃鱼翅的原因是什么？一些人喜欢开排量十分大的汽车的原因是什么？杀戮的皮草和环境保护的裸体十分流行的原因是什么？受过高等教育的人依然很难将垃圾分类的原因是什么？不少人在环境保护方面说一套、做一套的原因是什么？一些环境保护者会存在十分激进的行为的原因是什么，而一部分人为何对同样的问题漠不关心？

有关以上所述问题的答案，很明显远远超过了环境科学中所涉及的知识体系，必须开展针对人类对环境施加作用的社会行为给予分析和研究，深化对于行为本身的认知，以便寻找行为的动机。其实，这就是行为科学的任务。所以，行为科学属于环境管理中认知、调控人类对于环境行为施加作用的一个极其重要的理论基础。

总而言之，行为科学是分析和研究人类行为的交叉性、综合性的一门学科。行为属于生物体的生存方式，通常受到其生理需求和环境条件的决定性作用。然而人类的行为，其实属于一种社会行为，属于世界上最错综复杂、最不易认识的一种现象。所以，吸引了不少学科开展分析和研究，试图立足于该学科探讨人类行为有哪些秘密。

在社会科学和人文科学里，哲学试图阐述人类的行为与他们的世界观、人生观有着怎样的密切关系；法学则试图阐述社会道德和法律规范对于行为所发挥的引导和制约作用；历史学则是努力追溯历来人类行为过程，分析探究其内在具有哪些行为规律；文学艺术利用各种各样的形象手段分析概括出不同层面的人有哪些社会生活现状和行为方式；社会学分析和研究社会发展有哪些规律、社会组织有哪些特征、社会环境同人的行为之间有着怎样的关系，进而为理解人类行为提供了有效的社会实践资料；而人类学则将人类的生物特征和文化特征有机结合在一起分析和研究人类的行为，从而为行为科学提供了十分大的时间和空间跨度；而经济学则强调经济行为，取得了不少与"经济人"相似的研究成果。

而在自然科学中，心理学则采取实证科学方法，分析和研究人类的知觉、情感、意识、品格和气质等诸多主观因素与行为有着怎样的关系，成为行为科学极其重要的理论和实验基础条件；生物学探究生物与生物之间、生物和环境之间有着怎样的关系，涉及人类和人类的行为，成了行为科学的基础性内容；医学探讨人类各种各样疾病行为所发生机理是什么，寻求疾病诊断、预防、治疗以及康复方法，增进人类的身体、心理健康。

以上所述探究对于行为科学理论的贡献来讲有着十分重要的作用。它们在各个学科领域针对一些特定人类行为给予精细入微的分析探究，给出了人类行为的多维度、多个层面的丰富内涵。基于以上分析和研究的成果，行为科学家把自然科学和社会科学中不少有效的研究方法渐渐放在行为科学里，开展了全方位的人类行为研究。

（二）行为科学的主要理论

截至目前，行为科学还没有形成规范统一的理论。不过通常认为，应当依据分析和研究对象，把行为科学理论划分成两个方面，分别是个体行为和群体行为。

1. 个体行为理论

所谓个体行为指个体针对当前情境和其他先行因素对于刺激所做出的反应，它成了全部人类行为的基础性行为。分析和研究个体行为的理论有很多，主要为需求理论、双因素理论、公平理论、激励需求理论、X-Y理论、成熟理论和挫折理论等。

其中在需求理论中最为著名的要数马斯洛所提出的需求层次理论[①]。马斯洛持有这样的观点，需求属于人类行为的原动力。所以，对于人类的各种各样的需求给予理论分析和研究成为行为科学研究的出发点。我们能够从他的需求层次理论中看到，人的需求总共分为五大层次：第一个层次为生理的需求，第二层次为安全的需求，第三个层次为社交的需求，第四个层次为尊重的需求，第五个层次为自我实现的需求。如今，该理论已经在不少领域产生了十分重要的影响。

而双因素理论由美国的赫茨伯格在1959年于《工作的激励》一书中提出，这一理论将对人员行为绩效造成影响的因素分为两类，分别是"保健因素"与"激励因素"。其中

---

① （美）马斯洛（MASLOW A. H.）著，唐译编译：《马斯洛人本哲学》，吉林出版集团有限责任公司，2013年版。

"保健因素"指"得到后并没有产生不满，如果得不到则产生不满"的因素；而"激励因素"则指"得到后感觉很满意，即使得不到也没有不满"的因素。这一理论着重强调人们对于工作或劳动有着怎样的态度，认为保健因素属于人们对于外在因素的要求，而激励因素则属于人们对于内在因素也就是工作本身的要求。

而公平理论则倾向于分析和研究工资、报酬、福利等分配的合理性、公平性、公正性以及对于人类所产生的积极影响。该理论的基本观点是：如果一个人做出了成绩而且获得了工资、报酬之后，他不但关心自己所获得工资报酬的绝对额，同时更加关心自己所获取工资、报酬的相对额。所以，他需要进行多项比较确定自己所获得的工资、报酬是否合理、公平，所进行比较的结果将会对今后的工作积极性、主动性有着十分大的影响。

激励需求理论的基本观点是，无论哪个组织均代表了为了完成某一目标而集合起来的工作群体，群体之中各个层次的人有着不一样的需求，主管人员需要依据每个人的各不相同的需求来激励，特别是尽最大可能性增加人们的成就需求。

X-Y理论由美国著名的行为科学家道格拉斯·麦格雷戈所提出，它成为专门分析和研究各个企业中人类的特性问题理论。其中X理论对于"经济人"假设进行了概括，而Y理论则对于"社会人""自我实现人"这等假设进行了概括，且在归纳了马斯洛以及诸多相似观点之后提出的，成为行为科学理论中十分具有代表性的观点。

2. *群体行为理论*

群体是由两个或者多于两个所组合而成的集合体。群体能够划分成两大类，第一类为正式群体，第二类为非正式群体，这两类群体的不同之处在于是否有着清晰的组织结构和目标。例如，10名成员所组合而成的列车乘务组则属于正式群体，然而乘坐火车或者游轮的10名游客则属于非正式群体。究其原因是正式群体有着清晰的组织结构和目标，而非正式群体虽然有着共同的目标（诸如安全到达目的地等），不过却并没有清晰的组织结构。

所以，群体行为并非个体行为简单地加在一起。个体在群体之中的行为，特别是正式群体之中的个体行为，同他独处的时候并非完全一致，一个成熟的个体在其群体中的行为属于社会化的，也就是其形式始终追求和群体的规范相契合。当前，分析和研究群体行为的理论有很多，主要有群体分类理论、群体竞争理论和群体冲突理论等。

其中，群体分类理论为有关群体怎样构成及其性质的理论。这一理论的基本观点是，群体既可以划分成正式群体和非正式群体，同样能够划分成命令型群体、任务型群体、利益型群体和友谊型群体等。

而群体竞争理论则指有关各个群体之间的竞争以及对于群体影响的学说。这一理论的基本观点是，各个群体之间的竞争对于群体内部的团结有着十分大的作用，能够促使群体目标的完成，不过同样会加剧群体之间的斗争和偏见，对于整个组织（诸多群体组合而成的）目标的完成带来负面影响。群体的竞争能力，不仅受到群体内部的合作程度的决定性作用，而且受到群体之间斗争、偏见的重大影响。

而群体冲突理论则是有关群体内部和群体之间产生矛盾冲突的因素和解决方法的理论。这一理论的基本观点是，将矛盾冲突保持在恰当水平，有助于提升群体行为的效率。所以，如果矛盾冲突十分严重的时候，那么当务之急是尽最大可能使之减少；反之，则需要尽量使之增加。

（三）行为科学理论在环境管理中的地位和作用

1. 从行为科学角度看人类社会的环境需求

在行为科学中，"需求"属于一个基础性的概念。无论是人类的个体、群体，抑或是人类社会整体，具有什么样的内在需求，便会在这类需求的驱动之下，在千变万化的外部环境中，采取不同的行为用来满足这种需求。所以，通过"需求"能够更好地理解人类行为，需求理论成了行为科学中一个十分基本的理论。

在环境管理过程中，我们有时候会面临一些非常根本的问题："我们为何要保护环境？保护环境究竟能够给人类带来哪些好处？"这些问题反映出的均是人类社会的环境需求。如果没有对人类社会的环境需求有一个真正的了解，那么就无法调整和控制人类对于环境产生作用的行为，从而也就无法为环境管理提供夯实的理论基础。

2. 人类作用于环境的行为以及特点

环境管理的分析和研究对象为人类社会对自然环境产生作用的行为。如果从行为科学的角度进行分析，那么该行为具有以下两个特点。

其一是这种行为务必将某一特定的物质、能量以及信息的流动作为物质基础。如果一个行为没有产生物质流动，那么该行为就没有对环境发挥作用。所以，环境管理所分析和研究的行为对象，不仅包含行为本身，而且包含同这些行为所对应的物质流。

其二是自然环境其实是一个有机整体，人类社会同样是一个有机整体，这对于人类社会对自然环境产生作用的行为与效果有着决定性作用，它不仅具备整体性，而且具备系统性。例如，在全球环境层次上进行分析，人类对环境产生作用的行为有排放温室气体、砍伐树木、利用土地、排放臭氧消耗物质等；同这些行为所对应的物质流则为全球水分循环、全球碳循环、臭氧层浓度变化、废弃物全球转移等，这些均有着整体性和系统性的特征。

3. 行为科学在环境管理中的意义和作用

从理论方面进行分析，行为科学中不少成熟的概念能够应用在环境管理方面，比如需求、人格、动机、激励、沟通、领导、组织、冲突等诸多理论。这些概念和理论的纳入和发展，将会推动对于人类环境行为的特点、动机、需求等诸多方面给予深入的和科学的理论分析和研究，为调整和控制这些行为提供与行为科学规律相符的措施，进而为环境管理学的发展提供新鲜的活力。

在研究方法上来讲，行为科学能够提供相对规范和系统的行为分析和研究方法，比如行为观察、行为测验、行为测量、行为评估、案例研究等，进而将会有利于环境管理把自己的理论和分析和研究成果建立在更加牢固的科学和逻辑的基础上。比如，能够使用行为科学的行为观察、行为评估以及现场实验方法，分析和研究在商店用布袋取代塑料袋的多种方案的有效性，同绿色消费行为的理论分析和研究成果有机结合在一起就能够提出更加行之有效的方案。

在应用上来讲，行为科学的某些具体技术对于环境管理十分重要。无论是环境保护官员、CSR 经理，抑或是 NGO 的志愿者，在从事环境保护工作的时候均会发现，即使已经有了各种各样的学位、职称或者证书，但是在实际工作中，所学习到的和所运用的也许完全不同。你也许需要学会如何与各种职位、各种专业背景、各种工作经历，却同样对于环境问题十分关心的人打交道：如何让那些愤怒而冲动的环境受害人员慢慢冷静下来？如何让漠不关心的环境证人开口说话？如何说服一个试图使用暴力的环境人士不再意气用事？如何使用环境污染的事实说服自己的上级开始行动？如何引导那些精力充沛但方法不对的环保年轻人？如何去安抚那些由于环境保护而受到伤害、疲惫、失望的心灵？如何意识到自己所做的工作具有意义？如何保持乐观、积极向上的心态？这些事情虽然需要丰富的经验和阅历，不过要想从根本上将这些事情做好，还需要很多与行为、心理、社会学相关的知识储备和应用。在解决以上具体事情方面，看似索然无味的行为科学知识将会发挥重大作用。

第四节　环境经济学理论

一、环境经济学的定义

所谓环境经济学指应用经济学和环境的基本理论与方法，分析和研究人类活动、经济发展与环境保护之间彼此制约、彼此依赖、彼此促进的既对立又统一的一门学科。简单来讲，环境经济学是应用经济学和环境科学的基本理论和方法分析与研究解决环境问题的一门学科。如果从人类社会经济发展过程进行分析，那么环境经济学是分析和研究经济发展过程中环境资源科学配置、合理开发利用、公正公平与可持续发展的一门科学。

环境经济学具有狭义和广义的概念之分。其中，狭义的环境经济学被视作分析研究环境污染治理的经济问题，同样称作污染控制经济学；而广义的环境经济学不仅分析和研究环境防治的经济问题，而且分析和研究自然资源的合理开发利用，加上经济发展中生态失衡与恢复相关的经济问题，因此也称作自然资源与环境经济学。

在经济学体系之中，环境经济学属于一门最近几年兴起的经济学分支学科；而在环境科学体系之中，环境经济学则属于一门极其重要的软学科，属于环境科学的分支学科。

在这里有必要将环境学同与其有着密切联系的学科，诸如生态经济学和资源经济学做一些阐述。生态经济学是分析和研究生态系统和经济系统所形成的复合系统的结构、功能以及运动规律的一门学科，是生态学和经济学有机结合在一起所形成的一门分支学科；而经济学则是将资源经济问题作为分析和研究对象，探究资源配置的基本规律，论述资源稀缺等诸多基本理论，分析和研究资源分配的经济学原理和方法等诸多内容的学科。

二、环境经济学理论的基础

（一）消费行为理论

所谓消费行为是指在某一特定的收入和价格之中，消费者为了获取最大满足感而对各种各样商品进行的选择活动。该理论也称作效用理论。它分析和研究消费者怎样在各种各样的商品和劳务之间分配他们的收入，以实现满足程度的最大化。分析和研究消费者的行为，能够采取两种分析方法：其一是基于基数效用的边际效用分析，其二是基于序数效用论的无差异曲线分析。其中相对流行的则为无差异曲线分析。

因为消费者在一定时间之内所获得的收入是相对固定的，所以无法购买他需要的所有商品，而必须取舍有度。消费者均衡其实就是指消费者在收入和商品价格已成定局的条件下，购买商品所获得的最大的总效用的消费或者购买状态。换句话说，在收入和价格保持不变的条件下，消费者所获得的最大效用原则为：消费者每一元所购买的所有商品的边际效用均是一样的。这也称作边际效用均等规则。

在消费者收入不变的时候，多购买某种商品，相应地购买其他的商品就会少些。依据边际效用递减规律，如果购买较多的商品边际效用下降，那么相应地购买较少的商品边际效用就会相对上升。要想使所购买的商品是平衡的，那么消费者需要调整其所购买各种各样商品的数量，确保所有商品的边际效用和价格之间的比例均是相等的。

例如，消费者购买了三种商品，分别是 x、y、z，所对应的价格分别为 P_x、P_y、P_z，

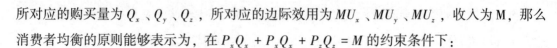

所对应的购买量为 Q_x、Q_y、Q_z，所对应的边际效用为 MU_x、MU_y、MU_z，收入为 M，那么消费者均衡的原则能够表示为，在 $P_xQ_x + P_xQ_x + P_zQ_z = M$ 的约束条件下：

$$\frac{MU_x}{P_x} = \frac{MU_y}{P_y} = \frac{MU_z}{P_z} \tag{5-1}$$

也可以写作：$\dfrac{MU_x}{MU_y} = \dfrac{P_x}{P_y}$ 和 $\dfrac{MU_y}{MU_z} = \dfrac{P_y}{P_z}$。

因此，消费者均衡的条件也能够这样表述：消费者所购买的每一种商品的边际效用比值，与它们的价值比值相等。

与消费者所消费不同数量的同一种商品所得到的边际效用是不一样的，因此其对不同数量的同一种商品所愿意支付的价格同样是不一样的。消费者为某一特定数量的某种商品同其实际所支付的价格之间也许会出现差额，该差额其实就是消费者剩余。

（二）均衡价格理论

资源配置是凭借市场价格进行的，供应和需求之间的相互作用对市场价格起着决定性作用。微观经济学是与资源配置相关的一门科学，而供应和需求的决定理论成了着眼点。均衡价格理论主要分析和研究供应与需求，以及供应与需求怎样对均衡价格起着决定性作用，均衡价格反过来又怎样对供应与需求产生影响，同时涉及对供应与需求产生影响的因素发生变化的时候所引发的需求量和供应量的变化（弹性理论）。均衡价格理论成了微观经济学的基础与主要理论。

1. 需求

所谓需求是指消费者在一定时期之内，在每个价格水平上愿意并且有能力购买的商品量。而需求涉及两个变量：其一是某商品的销售价格，其二是与此价格相对应的人们不仅愿意购买而且具有能力购买的数量。虽然消费者在某一特定时期内所购买的某种商品数量与此商品的价格有关联，但是假如该商品的价格有了变动，那么消费者所购买该商品的数量也会相应地发生变化，也就是对这一商品的需求量产生了变化。

需求曲线可以划分成两类：一种是个人需求曲线，另一种是市场需求曲线。所谓个人需求则是指个人或者家庭对于某种产品的需求，而市场需求则是指每个个体或者家庭对于某种产品的需求之和。因此市场需求曲线所指的就是个人需求曲线的加总。

2. 供给

所谓供给指厂商（生产者）在一个特定时期之内，在每个价格水平上愿意并且有能力卖出的商品总量。供给同样需要具备两大基本条件：第一个条件是厂商有出售的愿望，第二个条件是厂商具备供给能力。

因为生产技术不断进步，或者生产要素价格下降，那么单位产品的成本相应地下降。在此情况下，与过去相比，与所有供应量对应的生产者愿意供给的产品总量将会增加。如果在供给曲线图上面，则表现为供给曲线朝右发生移动，此情况称作供给状况发生变化，或者供给发生变化。供给发生同样可以表现为供给曲线朝左发生移动。

3. 均衡

所谓均衡指经济系统之中每一种变量之间的平衡状态，也就是在一段时期之内并没有变化所发生的状态。均衡状态并非绝对静止。在微观经济理论中所谓单一商品市场均衡则指商品需求总量与供给总量相等，也就是市场处在倾销状态。在宏观经济理论中所谓商品市场均衡则指商品的总需求量与其总供给量是相等的。均衡是具有条件的，假如条件发生变化，那么也就意味着原有的均衡状态将不存在，在一种新的条件下将会达到新的平衡。通过均衡分析某一特定条件之下经济系统中的每个变量之间的彼此影响和彼此作用的关系，称作均衡分析。

市场的产品价格并非由需求单独决定，同样并非由供给单独决定，而是通过需求和供给共同决定的。如果产品在价格较低水平的时候，需求量大于供给量，产品会出现供不应求的情况，那么价格就会上涨；反之，如果产品在价格较高水平的时候，供给量大于需求量，产品出现供过于求的情况，那么价格就会发生下跌。

产品的需求与供给对于价格起着决定性作用，同时价格也会反过来自动影响和调整供给与需求，使市场趋于平衡。这种调整功能就是价格机制，或者称作市场机制。

（三）生产理论

所谓生产是指对于每一种生产要素给予组合实现制成产品的行为。而在市场经济中，厂商进行生产经营管理活动需要从要素市场上购置生产要素（诸如机器、劳动力以及原材料等），经过生产环节，生产出产品或者劳务，然后在产品市场上出售，提供消费者消费服务或者提供其他生产者再加工服务，从而赚取利润。因此，生产其实就是将投入转变成产出的一个过程。

所谓生产要素则指生产中所使用的每一种资源，也就是资本、劳务、土地与企业家能力等。生产同样是以上四种生产要素有机结合在一起的过程，而产品其实就是这四种生产要素共同发挥作用的结果。它包含两种形式：一种是有形的物质资本，另一种是无形的人力资本。其中，有形的物质资本指在生产过程中所使用的场所、机器、设施、原料等诸多资本，而无形的人力资本则指在劳动者身上所具有的身体、文化、技术状况及其信誉、商标、专利等。而在生产理论中通常指的是有形的物质资本。所谓劳动则指劳动力所提供的服务，它可以分为两类：一种是体力劳动，另一种则是脑力劳动。所谓劳动力则指劳动者的能力，它是由劳动者提供的，而劳动者的数量和质量成为生产发展的两项重要因素。所谓土地则指生产环节所使用的各种各样的自然资源，它是在自然界所存在的，诸如土地及自然状态的矿藏、水、森林等。而企业家能力则指企业家对于所有生产环节的组织与管理工作，包含四个方面，其一是组织能力，其二是管理能力，其三是经营能力，其四是创新能力。企业家依据市场预测，合理地配置以上所述的生产要素从事生产经营管理。经济学专家学者极其强调企业家能力，在他们看来，将土地、劳动以及资本组织在一起，使其演出有声有色生产经营管理话剧的恰恰为企业家能力。

在技术水平保持不变的情况下，某一特定时期之内生产要素的总量与某项组合和其所能够生产出的最大产量之间依存关系的函数通常情况下称作生产函数。它成了反映生产环节投入和产出之间的技术数量关系的一个重要概念。

以 Q 表示总产量，L、K、M、E 等分别表示从投入到生产环节的劳动、资本、土地、企业家能力等诸多生产要素的数量，那么生产函数的一般形式能够表示为 $Q=f(L, K, M, E, \cdots)$。

为了方便起见，通常情况下将土地视作固定不变的，企业家能力由于不易估算，因此，生产函数能够简化为 $Q=f(L, K)$。

$Q=f(L, K, M, E, \cdots)$ 这个式子表明，在某一特定时期内一定技术水平的时候，生产出 Q 的产量，必须对某一特定数量的劳动与资本给予组合。

同样，在 $Q=f(L, K)$ 这个式子中同样表明，当已经知道劳动与资本数量与组合的时候，就能够推算出最大的产量。

第六章　环境管理的手段

第一节　环境监察

一、环境监察的含义

从文字解释来看，"监"是自上临下或从旁察看的意思，"察"在这里是仔细观看、调查、考核，对事物进行分析和研究的意思。因此，"监察"从字面上理解就是站在一定的高度，通过对人物、事物、现象的直接观察和客观分析，加以审核、判断，并依法进行处置、处理的行为和活动。各级环境保护行政主管部门设立的环境监察机构就是在各级环境保护行政主管部门的领导下，依法对辖区内所有单位和个人履行环保法律法规，执行环境保护的各项政策、制度和标准的情况进行现场监督、检查、处理的专职机构。

环境监察要突出"现场"和"处理"这两个概念，即环境监察是在环境现场进行的执法活动。环境监察不是"环境管理"，而是"日常、现场、监督、处理"。环境监察是一种具体的、直接的、"微观"的环境保护执法行为，是环境保护行政部门实施统一监督、强化执法的主要途径之一，是我国社会主义市场经济条件下实施环境监督管理的重要举措。

二、环境监察在环境监督管理中的地位

依照法律规定，各级环境行政主管部门对辖区环境保护工作实施统一监督管理，因此环境保护行政主管部门就是环境监督管理主体部门。环境监督管理职能由三个层次组成：第一层次，是环境行政主管部门代表政府对辖区污染防治和生态保护实施统一监督管理，各有关部门各司其职，共同对环境保护工作负责；第二层次，是对区域、流域的污染防治和生态保护进行统一的监督管理，主要表现在将环境规划纳入本地区、本流域的社会发展规划中，并实施监督，如实行环境保护目标责任制、实行城市环境综合整治定量考核等；第三个层次，是环境保护部门对污染源进行的直接和间接的监督管理，如限期治理、"三同时"、排污收费和排污申报登记及排污许可证制度的实施等。这是环境监督管理的重要组成部分。

从理论上分析，以上三个层次的环境监督管理都含有现场监督检查的内容。因为只有深入现场，才能真正搞清有关环境法律、规章、制度的实际执行情况，了解管理相对人的实际环境行为。环境监察将现场监督检查工作统一起来，开展强有力的、高效的现场执法活动，有力地保证了环境监督管理职责的实现。因此，环境监察是环境监督管理中的重要组成部分。

三、环境监察的任务

（一）基本任务

1991 年 8 月 29 日，国家环保局颁布了《环境监理工作暂行办法》，其中规定："环境监察的主要任务，是在各级人民政府环境保护部门领导下，依法对辖区内污染源排放污染物情况和对海洋及生态破坏事件实施现场监督、检查，并参与处理。"

这里把环境监察定位在现场，其核心就是日常现场监督执法。环境监察受环境保护行政主管部门的领导，与一般意义上的独立执法不同。此外，环境监察是在环境行政主管部门所管辖的区域内进行，通常情况下同级之间不能直接越区执法。

（二）职责

《环境监理工作暂行办法》明确了环境监察机构的具体职责，共有 9 条。

1. 贯彻国家和地方环境保护的有关法律、法规、政策和规章。

2. 依据主管环境保护部门的委托依法对辖区内单位或个人执行环境保护法规的情况进行现场监督、检查，并按规定进行处理。

3. 负责废水、废气、固体废物、噪声、放射性物质等超标排污费和排污水费的征收工作。

4. 负责排污费财务管理和排污费年度收支预、决算的编制以及排污费财务、统计报表的编报汇审工作。

5. 负责对海洋和生态破坏事件的调查，并参与处理。

6. 参与环境污染事故、纠纷的调查处理。

7. 参与污染治理项目年度计划的编制，负责该计划执行情况的监督检查。

8. 负责环境监察人员的业务培训，总结交流环境监察工作经验。

9. 承担主管或上级环境保护部门委托的其他任务。

1999 年 6 月 17 日，国家环境保护总局在《关于进一步加强环境监理工作若干意见的通知》中，进一步拓展了环境监察机构的职责，即：

10. 核安全设施的监督检查。

11. 生态保护监察。

12. 生态环境监察。

综合以上职责，广大环境监察人员把监察工作的任务简化为"三查二调一收费"。"三查"是对辖区内单位和个人执行环保法律法规的情况进行监督检查，对各项环境保护管理制度的执行情况进行监督检查，对海洋环境和生态保护情况进行监督检查；"二调"是调查污染事故和污染纠纷并参与处理，调查海洋和生态环境破坏情况并参与处理；"一收费"就是全面实施排污收费制度。

四、环境监察的类型

环境监察的类型，按时间的不同可分为事前监察、事中监察和事后监察，按环境监察的活动范围可分为一般监察与重点监察，按环境监察的目的可分为守法监察与执法监察。

（一）事前监察、事中监察与事后监察

事前监察是对环境监察对象某一行为完成之前所进行的环境监察，其目的是预防环境违法行为的发生或减轻这种违法行为所造成的损失。

事中监察即所谓的日常监理，是在环境监察对象实施某一行为的过程中进行的环境监察活动。其作用是通过随机检查，督促环境监察对象依法办事。其目的是及时发现并及时制止违法行为。

事后监察是指在环境违法行为发生后，依法对违法者所进行的调查、勘验、惩处活动。这种环境监察可以对已发生的问题进行补救处理，给其他违法者以警戒。

环境监察工作经过事前监察、事中监察和事后监察三个环节，步步设防，环环紧扣，对防范、制止违法行为的发生非常必要。其中，事前、事中两种环境监察是积极的、主动的；事后监察虽然属被动行为，但对于全面贯彻实施环境保护法律、法规，依法追究违法者的责任也是不可缺少的。我们应加强事前、事中监察活动，尽最大可能预防和避免环境违法行为的发生，把违法现象消灭在萌芽状态，确保环境保护目标的实现。

（二）一般监察与重点监察

一般监察，是指环境监察机构对所辖区域内各排污单位遵守法律、法规情况实行普遍的监督、检查，这种环境监察并不针对特定对象。

重点监察也可称为专门监察，是环境监察机构对特定的环境监察对象所进行的监督检查。这种环境监察一般分三种情况：一是在某一特殊时期如汛期，对特定的环境监察对象

如重点污染源或有毒、有害污染物定期巡视抽查，防止污染事故的发生；二是根据群众的举报，对某排污单位进行督查，确定排放行为的合法性；三是对重点污染源进行环境监察。

（三）守法监察与执法监察

守法监察是对环境监察对象守法情况的监督检查，如污染防治设施的运转情况，排污申报登记的真实性等。如发现违法行为则包括对违法者实施行政制裁的过程在内。这种环境监察包括了事前、事中、事后三种环境监察活动。撇开时间性不论，这三种环境监察可统称为守法监察。

执法监察是环境监察机构对环境监察对象执行行政处罚的执法行为。如罚款的收缴、污染防治设施的恢复运行、对企业停产或关闭的执行、停止建设恢复原状的执行、吊销许可证的执行等。此类环境监察是环境保护行政主管部门严格执法的保证，是环境监察机构的重要职责之一。

第二节 环境监测

一、环境监测的目的

环境监测的目的是准确、及时、全面地反映环境质量现状及发展趋势，为环境管理、污染源控制、环境规划提供科学依据。具体归纳为：

1. 对污染物及其浓度（强度）做时间和空间方面的追踪，掌握污染物的来源、扩散、迁移、反应、转化，了解污染物对环境质量的影响程度，并在此基础上，对环境污染做出预测、预报和预防。

2. 了解和评价环境质量的过去、现在和将来，掌握其变化规律。

3. 收集环境背景数据、积累长期监测资料，为制定和修订各类环境标准、实施总量控制、目标管理提供依据。

4. 实施准确可靠的污染监测，为环境执法部门提供执法依据。

5. 在深入广泛开展环境监测的同时，结合环境状况的改变和监测理论及技术的发展，不断改革和更新监测方法与手段，为实现环境保护和可持续发展提供可靠的技术保障。

二、环境监测的分类

环境监测依据不同标准，可以划分成多种类型，按其目的和性质可分为三类。

（一）监视性监测（常规监测或例行监测）

监视性监测是监测工作的主体，是监测站第一位的工作。这类监测包括如下两个方面：

1. 污染源监测

其任务是监测污染物浓度、负荷总量、时空变化等，掌握污染状况及其发展趋势，为强化环境管理，贯彻落实有关标准、法规、制度等做好技术监督和提供技术支持。这是企业监测站的工作重点，其工作质量是环境监测水平的标志。

2. 环境质量监测

指对大气、水质、土壤、噪声等各项环境质量因素状况进行定时、定点的监测分析，以了解和掌握环境质量的状况和变化趋势，为环境管理和决策提供依据。

（二）特定目的的监测

为某一目的而进行的特定指标的监测，主要类型如下：

1. 污染事故监测

主要是确定紧急情况下发生的污染事故的污染程度、范围和影响等。

2. 仲裁监测

主要是为解决环保执法过程中发生的矛盾和纠纷，为有关部门处理污染问题提供公正的监测数据

3. 考核验证监测

主要是指设施验收、环境评价、机构认可和应急性监督监测能力考核等监测工作。

4. 咨询服务监测

主要是指为科研、生产等部门提供有关监测数据，为社会承担一些科研咨询工作等。

（三）研究性监测（科研监测）

研究性监测属于较复杂的高水平监测，须经周密计划、多学科协作共同完成，如开展污染物本底值调查、统一监测方法、研制标准物质等。

此外，按监测方法的原理，环境监测可分为化学监测、物理监测和生物监测；按污染物受体可分为大气监测、水体监测、土壤监测和生物监测；按污染性质可分为化学污染监测、物理污染（噪声、热、振动、放射性等）监测和生物污染（细菌、病毒等）监测。

三、环境监测的基本要素

在环境监测活动中，监测者（监测机构）、监测对象、监测数据是相互关联的基本要素。除此以外，监测方法和监测结果也是基本要素。因为没有正确的监测方法，就得不到正确的数据；而没有结论的监测活动，是无目的的监测活动，是没有意义的。

（一）监测机构

由于环境监测的效益是社会公益性的，而且直接应用于环境管理，与管理有密切关系，因而监测机构的设置既要能掌握环境质量的现状、规律及发展趋势，又要能满足管理部门的要求。建立的监测网络既具有收集、传输环境质量信息的功能，又具有组织管理的功能。

我国的监测网络的设置结合国情，采用分级管理、条块结合。国家、省、市、县以及大型企业依据掌握本地区环境质量状况的需要，规定各自的控制点位和数量。同时建立横向监测网络，如各水系、海洋、农业等部门环境监测协作网、污染源监测网等。

（二）监测对象

在实际工作中，由于受各种条件的限制，要对监测项目进行必要的筛选，选出对解决现有问题最关键和最迫切的项目。选择监测对象时，应从以下三个方面考虑：

1. 对污染物的性质如化学活性、毒性、扩散性、持久性、生物分解性和积累性等做全面分析，从中选择影响面广、持续时间长、不易分解而使动植物发生病变的物质作为例行监测项目，对于特殊目的和情况，则根据需要选择所要监测的项目。

2. 对所要监测的项目必须有可靠的检测手段，并保证能获得有意义的监测结果。

3. 对监测所获得的数据，要有可比较的标准或能做出科学的解释。如果监测结果无标准可比，又不了解其对人体和动植物的影响，将使监测结果陷入盲目性。

（三）监测方法

环境监测的对象极为复杂，要得到满意的监测结果，实现既定监测目的，监测方法的选择极为重要。近年来环境监测方法发展的明显趋势是：

1. 布点优化

以最少的测点和测次获取最有代表性的数据。监测布点的优化研究是监测方法不断发展的重要标志。

2. 质量保证系统化

质量保证工作由限于实验室内部的质量控制向监测全过程发展，形成贯穿监测全过程的质量保证体系。

3. 分析方法标准化，分析技术连续自动化

目前有不少自动分析仪器已被正式定为标准的分析方法，如比色分析、离子选择电极、原子吸收光谱、气相色谱、液相色谱等自动分析方法及相应的仪器。

4. 多种方法和仪器联合化

多种方法和仪器联合使用日益增多，极大地提高了环境监测效率，如色谱—质谱—计算机联用，能快速测定挥发性有机污染物，用于废水监测分析，可检测 200 种以上的污染物。计算机的应用也日益深入环境监测的各个环节。

（四）监测数据

监测数据是环境监测工作的产品，并通过它来展示环境监测的重要作用。环境监测必须具备的基本特性是准确、精确、完善、可比、具有代表性。同时数据传输要快，要有流畅的数据、资料流通渠道，完善的监测网络，完整的数据报告制度，使用计算机管理是及时传输数据资料的基本保证。

监测数据的加工利用取决于加工方法的正确性和综合分析的科学性，加工方法主要涉及数理统计的内容。

（五）监测结果

所有监测活动的目的，都是为了取得监测结果。监测结果一般有两种形式：一是实测结果，主要是各种监测结果表格，如环境监测年鉴属于实测结果的汇编，年鉴中对监测数据只做分类、筛选、整理，并不做评价；二是评价结果，如各种环境质量报告，如月报、季报、环境质量报告书等。

第三节　环境预测

一、环境预测的概述

预测是指运用科学的方法对研究对象的未来行为与状态进行主观估计和推测。环境预测就是以人口预测为中心，以社会经济预测和科学技术预测为基础，对未来的环境发展趋势进行定性与定量相结合的轮廓描绘，并提出防止环境进一步恶化和改善环境的对策。

环境预测过程是在环境现状调查与评价和科学实验的基础上，结合社会经济发展状况、对环境的发展趋势进行的科学分析。环境预测是环境规划科学决策的基础；预测—规划—决策所形成的完整体系，是整个环境规划工作的核心。

预测的主要目的是了解环境的发展趋势，指出影响未来环境质量的主要因素，寻求改善环境和环境与经济社会协调发展的途径。

区域和城市环境预测一般要求有三类：警告型预测（趋势预测）、目标导向型预测（理想型）和规划协调型预测（对策性预测）。

警告型预测是指在人口和经济按历史发展趋势增长、环保投资、防治管理水平、技术手段和装备力量均维持在目前水平的前提下，未来环境的可能状况，其目的是提供环境质量的下限值。目标导向型预测是指人们主观愿望想达到的水平，目的是提供环境质量的上限值。发展规划型预测是指通过一定手段，使环境与经济协调发展所可能达到的环境状况。这是预测的主要类型，也是规划决策的主要依据。

二、环境预测的主要内容

（一）社会发展和经济发展预测

经济社会发展是环境预测的基本依据。社会发展预测的重点是人口预测，其他要素因时因地确定。经济发展预测要注意经济社会与环境各系统之间和系统内部的相互联系和变化规律。重点是能源消耗预测、国民生产总值预测、工业总产值预测，同时对经济布局与结构、交通和其他重大经济建设项目做必要的预测与分析。

（二）环境污染预测

参照环境规划指标体系的要求选择预测内容，污染物宏观总量预测的重点是确定合理的排污系数（如单位产品和万元工业产值排污量）和弹性系数（如工业废水排放量与工业产值的弹性系数）。预测的项目和预测的深度还可以根据规划区具体情况和规划目标的选定，如重大工程建设的环境效益或影响，土地利用，自然保护，区域生态环境趋势分析，科技进步及环保效益预测等。

三、环境预测的程序

环境预测是一项多层次的活动，各层次之间的预测任务既有区别，又有联系。环境预测是在综合分析社会经济发展规划的基础上，预测出规划区废水、废气、废渣和各种污染物排放总量和环境变化趋势。

环境预测要具体问题具体分析。由于环境预测涉及面十分广泛，一般可分为宏观和中观两个层次。

宏观预测，需要从宏观角度去预测整个规划区域（或城市）的经济、社会发展所产生的环境影响。这种预测为宏观决策服务，要考虑到所涉及的各领域（环境、经济、社会大系统）。

中观预测，以小区（如功能区）或河段、水源地等为预测单元，其预测结果是宏观预测的基本依据，也是小区规划编制、实施和管理的基本依据。

污染物总量控制预测是环境污染预测的基础，它为环境污染预测提供背景资料。在预测过程中要突出重点，即抓住那些对未来环境发展动态最重要的影响因素。这不仅可大大减少工作量，而且可增加预测的准确性。

第四节　环境标准

一、环境标准的基本概念

环境标准最早出现于 20 世纪 60 年代，国际标准化组织（ISO）在 1972 年开始制定基础标准和方法标准，以统一各国环境保护工作中的名词、术语、单位以及取样和监测分析方法等。环境标准是国家环境保护法律、法规体系的重要组成部分，是环境保护目标的定量化体现，是开展环境管理工作最基本、最直接、最具体的法律依据，也是衡量环境管理工作最简单、最明了、最准确的量化标准。离开了环境标准，环境监督管理将无所适从和寸步难行。

环境标准是有关污染防治、生态保护和管理技术规范标准的总称，有关环境标准的定义有很多。亚洲开发银行从环境资源价值角度给环境标准下的定义为：环境标准是为了维持环境资源价值，对某种物质或参量设置的允许极限含量。在环境资源概念下，环境标准可适用的范围很广，可分为水资源环境标准、土壤资源环境标准、大气资源环境标准和森林资源环境标准等。

在我国，环境标准除了各种指数和基准之外，还包括与环境监测、评价以及制定标准和法制有关的基础和方法的统一规定。《中华人民共和国环境保护标准管理办法》中对环境标准的定义为：环境标准是为了保护人群健康、社会物质财富和维持生态平衡，对大气、水、土壤等环境质量、对污染源的监测方法以及其他需要所制定的标准。

环境标准是一种法规性的技术指标和准则，是环境保护法制系统的一个组成部分。根据《中华人民共和国环境标准管理办法》，我国环境保护标准分为三大类六小类，即环境质量标准、污染物排放标准及环境保护基础和方法标准，形成了以国家环境质量标准、国家污染物排放（控制）标准为主体，国家环境监测方法标准、国家环境标准样品标准、国家环境基础标准和国家环境保护行业标准相配套组成的环境标准体系。随着经济技术的发展和进步，环境保护工作不断深化的需要，出现了越来越多的环境标准，如各种行业排放标准，各种分析、测定方法标准和技术导则，其他还有部级颁发的标准，如卫生部颁发的各种卫生标准和检验方法标准，在区域规划和环评过程中，某些项目没有标准的情况下，允许使用推荐的标准。

二、环境标准制定的原则

制定环境标准时，一般应遵循以下原则：

1. 保障人体健康是制定环境质量标准的首要原则。因此在制定标准时首先须研究多种污染物浓度对人体、生物、建筑等的影响，制定出环境基准

2. 制定环境标准，要综合考虑社会、经济、环境三方面效益的统一。具体来说就是既要考虑治理污染的投入，又要考虑治理污染可能减少的经济损失，还要考虑环境的承载能力和社会的承受力。

3. 制定环境标准，要综合考虑各种类型的资源管理，各地的区域经济发展规划和环境规划的要求和目标，贯彻高功能区用高标准保护、低功能区用低标准保护的原则。

4. 环境标准既要保持相对的稳定性，又要在实践中不断总结经验，根据社会经济的发展和科学技术水平的提高，及时进行合理修订。

5. 制定环境标准，要和国内其他标准和规定相协调，还要和国际上的有关协定和规定相协调。

制定环境标准需要一系列的基础数据和参考资料，主要有：①与生态环境和人类健康

有关的各种环境基准值；②环境质量的目前状况、污染物的背景值和长期的环境规划目标；③当前国内外各种污染物处理技术水平；④国家的财力水平和社会承受能力，污染物处理成本和污染物造成的资源经济损失等；⑤国际上有关环境的协定和规定，其他国家的基准/标准值；⑥国内其他部门的环境标准（如卫生标准、劳保规定）。

三、中国环境标准的特征

1. 能够通过具有普及力和约束力的规范性文件的规定将环境标准予以强制化和普遍约束化。虽然国家机关制定的环境标准里很多标准只是具有指导或者建议的性质，而不强求行政相对人遵守，但是通常情况下对于没有达到最低标准要求的行为，国家机关便会根据环境标准程序法的有关规定给予一定的处罚，这就使得我国的环境标准具有了一定意义上的约束力。由于环境标准是国家机关制定并在本行政区域内实施的，其具有的普遍性也是显而易见的。

2. 它是由具有一定行政职权的国家机关或者组织制定并实施的。在我国，国家层面的环境标准一般由国家生态环境部制定并组织实施，地方各级环保行政主管机关也可以根据自己辖区内的实际情况制定并实施更加严格的环境标准。

3. 所规范的行为的特定性决定了环境标准的技术性特征。我国环境标准的制定主要是为了减少工业、生活污染物对环境的负面影响，这就要求在制定标准的过程中要综合考虑各项污染物浓度、质量、强度、影响范围等因素。这也就要求制定和实施环境标准的人员应具备相应的专业知识，以配合技术性环境标准的实施。

4. 依照法定的程序制定并实施。环境标准属于环境行政规章，它的制定本质上是行政立法行为，应当以《中华人民共和国环境保护法》和环境污染防治单行法为基本依据，严格按照环境行政规章制定的程序进行。

第五节 环境审计

一、环境审计概述

随着人们对自然资源及环境问题的日益关注，世界各国"绿色浪潮"逐渐兴起。"绿色"一词已成为有关环境问题的代名词并深入人心。人们在追求"绿色"及经济可持续发展的过程中发现，传统的会计核算有许多不足，未能将资源环境纳入会计成本核算中，不能如实披露资源、环境状况及环境经济责任问题。为弥补其不足，从而产生了环境会计

（又称绿色会计）。为了对环境会计真实性、合法性的监督审计需要，适应全球经济可持续发展，于是以披露自然资源、环境信息真实性为主的"绿色审计"——环境审计应运而生。这是环境审计产生的社会经济根源。国外许多学术会议都进行了专门介绍和讨论，美国、英国、加拿大、荷兰、挪威和芬兰等国已经开始实施环境审计，对排污企业排放污染物的性质、污染程度以及清污费用或环境污染风险做出评估，并制定环境审计标准作为具体操作规范。

环境审计是指审计机构接受政府授权或其他有关机关的委托，依据国家的方针、政策、环保法规和财经法规，对排放或超标排放污染物的企事业单位的污染状况和治理情况、污染治理专项资金的使用情况等环境经济活动进行审查、核算，收集必要的证据资料表示公正意见，并向授权人或委托人提交审计报告和建议的一种活动。环境审计的主体，通常包括国家审计机关和民间审计机构两种，前者是政府下属的职能部门，它经过政府授权，对排污单位进行环境审计；后者是一种社会性的民间审计机构，它可接受环保主管部门、审判机关及产品进出口审批机关等有关部门的委托，从事一些特定目的的审计工作。环境审计的对象，主要包括排放或超标排放污染物的所有企业、事业单位，可应用于各种层次和范围，甚至是针对某一特定污染问题。

环境审计与传统审计的区别为：针对突出自然资源、环境问题的"环境会计"真实性、合法性的监督；披露"环境会计"自然资源、环境计量合法性及其环境效益真实性的鉴证审计；集资源、环境信息披露及环境效益鉴证业务于一体的特殊目的审计。将自然资源、环境保护纳入审计范围，对传统审计进行的"绿化"，已成为审计界对可持续发展的又一重大贡献。目前西方各国审计理论界对环境审计的探索方兴未艾，如美国、英国、加拿大等二十多个国家，都在广泛实行环境会计的同时实施开展了环境审计的工作。目前，环境审计理论研究及实务已成为全世界审计学术的中心议题。

由于我国环境治理起步较晚，环境审计的开展也较迟，所以直到1999年，环境审计才成为我国审计理论的研究重点，但目前仍缺少系统的环境审计理论阐述，宣传方面也做得很不够。目前我国环境审计仅限于理论探讨的初级阶段，我国环境审计实务及理论研究状况已远远落后于西方各国。从20世纪70年代开始，我国在发展经济的同时已十分关注资源环境问题。为防止空气污染、森林和土地资源破坏，国家颁布了一批环境保护和资源管理的法律、法规，为在我国开展披露环境信息的环境审计工作奠定了良好的法律理论基础，但环境审计理论研究及实务严重滞后，因种种原因一直未开展。改革开放后，由于有关"绿色会计"的理论研究工作在我国悄然兴起，所以才有不少专家学者就环境审计问题，在有关报刊上发表了一些具有前瞻性的理论探讨文章。

国家审计署针对我国"绿色会计"研究的兴起，为促使环境审计在我国逐步展开做了大量工作。尤其是 1998 年审计署组织有关人员编写《环境审计》实务丛书以来，开创了我国"环境审计"的新局面。虽然我国开展"环境审计"的时间不长，但由于近十年来逐步拓宽了对环境信息的审计范围，国家审计署开展了包括工业、农业、渔业、林业对环境影响的审计评价。还包括可持续发展的有关领域，并着重开展了环保专项资金审计等，如基建项目防治污染"三同时"、环境投资、排污费、污染治理费等"环境审计"实务工作都取得了一定成效。

但是，我国环境审计尚处在理论探讨的初级阶段，与世界环境审计研究与审计实践差距还很大。目前进行的与环境相关的审计主要是合规性审计，即主要鉴证企业的经济活动是否遵守了现有的环境保护法律和地方颁布的环保法规，如污染物的排放是否超过了规定标准，是否按照规定的要求及时上交了各种费用等。而对国务院所属的环保部门及其他有关部门、地方政府管理的环境保护专项资金进行审计监督、对国家在国际履约方面进行审计监督、对政府环境政策进行审查监督等内容，基本上是空白的。环境审计的作用主要是限于消极的防范，远未起到环境审计应有的制约和促进作用。尤其是加入世贸组织与世界经济接轨，如何防止国际贸易"绿色壁垒"，开展对股份上市公司进行有关自然资源、环境披露的环境审计工作，实行会计师事务所"绿化"问题亟待解决。我国环境审计理论研究及实务远远落后于国外的现状，急需国家有关部门重视此项工作的开展。

二、我国环境审计的内容

（一）环境政策法规执行审计

指各级政府及部门对环境政策法规的执行和有效性审计。这项审计属于合规审计和绩效审计的范畴。

（二）环保资金的筹集、管理和使用审计

审查环保资金筹集、管理和使用的合法性和效益性，是我国环境审计的重点，基本属于财务审计。

（三）环境管理系统审计

通过获取证据判断一个组织的环境管理系统是否符合国际标准所规定的环境管理系统审核准则，包括内部审计和外部审计。

（四）环境报告审计

对企业在现有财务报表框架内报告的环境问题的财务影响以及单独对外公布的环境绩

效报告进行审计鉴证。

（五）环保投资项目审计

对环保投资项目从决策、实施到竣工等各个阶段进行合规性和效益性的审计，以提高环保资金的使用效率。

（六）建设项目的环境审计

结合建设项目环境管理制度，对建设项目执行环保法规制度的合规性和效益性进行审查。

第七章　水环境管理

第一节　地表水环境管理

一、水环境管理的对象和目标

（一）水环境管理的对象

《中华人民共和国水污染防治法》明确，"水污染是指水体因某种物质的介入而导致其化学、物理、生物或放射性等方面特性的改变，从而影响水的有效利用，危害人体健康或破坏生态环境，造成水质恶化的现象"。通常用水质指标来表示水质的好坏和水体被污染的程度。水质指标通常可分为物理性指标、化学性指标和生物性指标三类，常见的水质指标包括温度、色度、浊度、电导率、固体含量、pH 值、硬度、生化需氧量（BOD）、化学需氧量（COD）、总有机碳（TOC）、溶解氧（DO）、大肠杆菌数、氟化物、氰化物、砷、汞、铬、硝酸盐等。

水环境包括地表水环境管理、地下水环境管理和海洋环境管理三个方面。虽然全球水循环作为一个整体具有紧密的相互关联，但由于自然条件和本底特征不同，管理方式、管理体制和管理难度也有较大差异，故往往分别进行讨论。

（二）水环境管理的目标

长期以来，水环境污染一直是全国环境安全中最突出的问题。总体上看，我国正面临着前所未有的由污染带来的水安全问题。从有关部门反映的情况看，我国水环境总体形势依然十分严峻，许多水域的环境容量仍然超载；虽然大江大河水环境质量持续改善，但仍有近十分之一的地表水因控断面水质低于五类，不少流经城镇的河流沟渠黑臭，一些饮用水水源存在安全隐患，一些地区城镇居民饮用水污染问题时有发生。水污染、水资源短缺、水生态破坏三大水问题并存，构成了我国长期、复杂、多样的综合性水危机状况，最突出的问题是水污染。

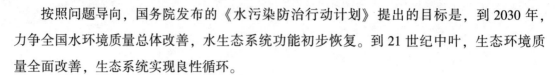
按照问题导向，国务院发布的《水污染防治行动计划》提出的目标是，到 2030 年，力争全国水环境质量总体改善，水生态系统功能初步恢复。到 21 世纪中叶，生态环境质量全面改善，生态系统实现良性循环。

二、地表水环境管理

地表水是指陆地表面上动态水和静态水的总称，亦称"陆地水"，包括各种液态的和固态的水体，主要有河流、湖泊、沼泽、冰川、冰盖等。地表水是人类生活用水的重要来源之一，也是各国水资源的主要组成部分。

（一）地表水环境管控的目标

环境管理模式与经济发展水平、公众环境意识和监督管理能力等因素密切相关，通常有三种模式：第一种是以环境污染控制为目标导向，以实施严格的排放标准和总量控制为标志；第二种是以环境质量改善为目标导向，以严格的环境质量标准和目标为标志；第三种是以环境风险防控为目标导向，以风险预警、预测和应对为主要标志，关注人体健康和生态安全。目前我国正处于第一种模式向第二种模式转型的时期，地表水环境管理基本属于从以污染控制为目标导向转向污染控制与质量改善兼顾的模式。

依据地表水水域环境功能和保护目标，我国地表水水质按功能高低依次可划分为五类：Ⅰ类主要适用于源头水、国家自然保护区；Ⅱ类主要适用于集中式生活饮用水地表水源地一级保护区、珍稀水生生物栖息地、鱼虾类产场、仔稚幼鱼的索饵场等；Ⅲ类主要适用于集中式生活饮用水地表水源地二级保护区、鱼虾类越冬场、洄游通道、水产养殖区等渔业水域及游泳区；Ⅳ类主要适用于一般工业用水区及人体非直接接触的娱乐用水区；Ⅴ类主要适用于农业用水区及一般景观要求水域。对应地表水上述五类水域功能，可将地表水环境质量标准基本项目标准值分为五类，不同功能类别分别执行相应类别的标准值。水域功能类别高的标准值严于水域功能类别低的标准值。同一水域兼有多类使用功能的执行最高功能类别。

（二）水污染源管控的对象

1. 污染源的分类

污染源按污染成因可分为天然污染源和人为污染源；按污染物种类可分为物理性、化学性和生物性污染源；按分布和排放特性可分为点源（来自于工矿企业、城市或社区的集中排放，其污染物的种类和数量与点源本身的性质密切相关）、面源（流域集水区和汇水盆地，污染通过地表径流进入天然水体的途径，其主要污染物有氮、磷、农药和有机物等)、扩散源和内源。

2. 国控水污染源的确定

按照规定,国控水污染源由环境保护部筛选确定,省级、市级参照环境保护部的筛选标准确定省控及市控污染源名单。确定方法是:以上年度环境统计数据库为基础,工业企业分别按照废水排放量、化学需氧量和氨氮年排放量大小排序,筛选出累计占工业排放量65%的企业;分别按照化学需氧量和氨氮年产生量大小排序,筛选出累计占工业化学需氧量或氨氮产生量50%的企业;合并筛选出的5类企业名单取并集,形成废水国控源基础名单。在此基础上,补充纳入具有造纸制浆工序的造纸及纸制品业、有印染工序的纺织业、皮革毛皮羽毛(绒)及其制品业、氮肥制造业中的大型企业。对于污水厂,以上年度环境统计数据库为基础,设计处理能力大于或等于5 000吨/日的城镇污水处理厂和设计处理能力大于或等于2 000吨/日的工业废水集中处理厂纳入污水处理厂国控源基础名单。

国控水污染源是水环境管理和监测的重中之重。各级环境保护主管部门对国控水污染源监督性监测及信息公开工作实施统一组织、协调、指导、监督和考核。环境保护主管部门所属的环境监测机构实施污染源监督性监测工作,负责收集、填报、传输和核对辖区内的污染源监督性监测数据,编制监测信息、监测报告等。

(三) 水功能区划

1. 水功能区及其划分

水功能区划指根据流域或区域的水资源条件与水环境状况,考虑水资源开发利用现状和经济社会发展对水量和水质的需求,在相应水域内划定的具有特定功能的区域。水功能区划是水资源开发利用和保护的重要依据。

水功能区划的原则包括:①坚持可持续发展的原则。区划以促进经济社会与水资源、水生态系统的协调发展为目的,与水资源综合规划、流域综合规划、国家主体功能区规划、经济社会发展规划相结合,根据水资源和水环境承载能力及水生态系统保护要求,确定水域主体功能;对未来经济社会发展有所前瞻和预见,保障当代和后代赖以生存的水资源。②统筹兼顾和突出重点相结合的原则。区划以流域为单元,统筹兼顾上下游、左右岸、近远期水资源及水生态保护目标与经济社会发展需求,区划体系和区划指标既考虑普遍性,又兼顾不同水资源区特点。对城镇集中饮用水源和具有特殊保护要求的水域,划为保护区或饮用水源区并提出重点保护要求,保障饮用水安全。③水质、水量、水生态并重的原则。区划充分考虑各水资源分区的水资源开发利用和社会经济发展状况、水污染及水环境、水生态等现状,以及经济社会发展对水资源的水质、水量、水生态保护的需求。部分仅对水量有需求的功能，例如航运、水力发电等不单独划水功能区。④尊重水域自然属性的原则。区划尊重水域自然属性，充分考虑水域原有的基本特点、所在区域自然环境、水资源及水生态的基本特点。对于特定水域如东北、西北地区，在执行区划水质目标时还要考虑河湖水域天然背景值偏高的影响。

水功能区划采用两级体系。一级区划分为保护区、保留区、开发利用区，缓冲区四类，旨在从宏观上调整水资源开发利用与保护的关系，主要协调地区间用水关系，同时考虑区域可持续发展对水资源的需求；二级区划将一级区划中的开发利用区细化为饮用水源区、工业用水区、农业用水区、渔业用水区、景观娱乐用水区、过渡区、排污控制区七类，主要协调不同用水行业间的关系。

2. 水功能区管理

对水功能区实行保护和监督管理，应当根据其功能定位和分级分类要求，统筹水量、水质、水生态，严格管理和控制涉水活动，促进经济社会发展与水资源水环境承载能力相协调。根据《中华人民共和国水法》和《水功能区监督管理办法》等规定，国家实行水功能区限制纳污制度和水功能区开发强度限制制度，县级以上地方人民政府应当加强水功能区限制纳污红线管理，严格控制对水量水质产生重大影响的开发行为，严格控制入河湖排污口设置和污染物排放总量，保障水功能区水质达标和水生态安全，维护水域功能和生态服务功能。根据水功能区定位，保护区和饮用水源区内禁止设置排污口或进行不利于饮用水源和自然生态保护的活动，保留区内不得进行对水资源水质和水量有较大影响的开发利用活动，缓冲区和过渡区内开发利用水资源不得影响相邻水功能区的使用功能。

（四）入河排污口管理

入河排污口管理作为水功能区限制纳污红线管理的核心工作，是控制污染物入河总量的重要手段，也是保护水资源、改善水环境、促进水资源可持续利用的一项重要措施。《中华人民共和国水法》《中华人民共和国水污染防治法》《中华人民共和国河道管理条例》都规定了在江河、湖泊新建、改建排污口或者扩大入河排污口，应当经过有管辖权的水行政主管部门或者流域管理机构的同意，确立入河排污口设置审批制度的法律地位。就具体分工而言，国务院水行政主管部门负责全国入河排污口监督管理的组织和指导工作，县级以上地方人民政府水行政主管部门和流域管理机构按照权限负责入河排污口设置和使用的监督管理工作，入河排污口设置应按规定同时办理环境影响报告书（表）审批手续。

入河排污口应符合"一明显，二合理，三便于"的要求，即环保标志明显；排污口设置合理，排污去向合理；便于采集样品，便于监测计算，便于公众参与监督管理。凡在城镇集中式生活用水地表水源一、二级保护区、国家和省划定的自然保护区和风景名胜区内的水体、重要渔业水体、其他有特殊经济文化价值的水体保护区，不得新建排污口。在生活饮用水地表水源一级保护区内已设置的排污口，限期拆除。城镇集中式生活饮用水地表水源准保护区、一般经济渔业水域和风景游览区内的水体等重点保护水域，从严控制新建排污口。

（五）饮用水水源管理

饮用水是人类生存的基本需求，饮用水安全问题直接关系到广大人民群众的健康，饮用水水源管理一直是我国水环境管理工作的重中之重。为加强饮用水水源安全保障，我国建立了十分严格的饮用水水源保护区制度。

1. 饮用水水源保护区划分

饮用水水源保护区分为地表水饮用水源保护区和地下水饮用水源保护区，此处只讨论最常见的地表水饮用水源保护区。按照《饮用水水源保护区划分技术规范》（HJ/T338-2018），集中式饮用水水源地（包括备用的和规划的）都应设置饮用水水源保护区；饮用水水源保护区一般划分为一级保护区和二级保护区，必要时可增设准保护区。在水环境功能区和水功能区划分中，应将饮用水水源保护区的设置和划分放在最优先位置；跨地区的河流、湖泊、水库、输水渠道，其上游地区不得影响下游地区饮用水水源保护区对水质的要求，并保证下游有合理水量。

划定的水源保护区范围，应防止水源地附近人类活动对水源的直接污染；应足以使所选定的主要污染物在向取水点（或开采井、井群）输移（或运移）过程中，衰减到所期望的浓度水平；在正常情况下保证取水水质达到规定要求；一旦出现污染水源的突发情况，有采取紧急补救措施的时间和缓冲地带。对于一般河流水源地，一级保护区水域长度为取水口上游不小于 1 000m、下游不小于 100m 范围内的河道水域，陆域沿岸长度不小于相应的一级保护区水域长度，陆域沿岸纵深与河岸的水平距离不小于 50m；同时，一级保护区陆域沿岸纵深不得小于饮用水水源卫生防护规定的范围。二级保护区长度从一级保护区的上游边界向上游（包括汇入的上游支流）延伸不得小于 2 000m，下游侧外边界距一级保护区边界不得小于 200m，二级保护区陆域沿岸长度不小于二级保护区水域河长，沿岸纵深范围不小于 1000m，具体可依据自然地理、环境特征和环境管理需要确定。对于流域面积小于 $100km^2$ 的小型流域，二级保护区可以是整个集水范围。湖泊、水库饮用水水源保护区依据所在湖泊、水库规模的大小，并按照技术规范予以确定，其中，小型水库和单一供水功能的湖泊、水库应将正常水位线以下的全部水域面积划为一级保护区，大中型湖泊、水库采用模型分析方法确定。

2. 饮用水水源水质要求

地表水饮用水源一级保护区的水质基本项目限值不得低于 GB3838-2002 中的 II 类标准，且补充项目和特定项目应满足该标准规定的限值要求。地表水饮用水源二级保护区的水质基本项目限值不得低于 GB3838-2002 中的 III 类标准，并保证流入一级保护区的水质满足一级保护区水质标准的要求。准保护区的水质标准应保证流入二级保护区的水质满足二级保护区水质标准的要求。

（六）面源污染控制

面源污染（Diffused Pollution，DP），也称非点源污染（Non-point Source Pollution，NPS），是指溶解和固体的污染物从非特定地点，在降水或融雪的冲刷作用下，通过径流过程而汇入受纳水体（包括河流、湖库和海湾等）并引起有机污染，水体富营养化或有毒有害等其他形式的污染。面源污染自 20 世纪 70 年代被提出和证实以来，对水体污染所占比重随着对点源污染的大力治理呈上升趋势。面源污染的主要来源有城市中的地表径流、含有农药化肥的农田排水、农村畜禽养殖废水、农村生活污染、水土流失等，农业农村面源是面源污染的最主要组成部分。

随着农村经济的不断发展，农村面源污染危害日益严重，甚至成为制约农村经济发展的因素。农村面源污染主要来源于农业化肥、农药、地膜等不合理使用，畜牧业养殖及农村生产和生活用水等。

农村环境连片整治工作针对农村生活垃圾、畜禽养殖污染等提供了控制措施。例如，畜禽养殖密集区域或养殖专业村，应优先采取"养殖入区（园）"的集约化养殖方式，采用"厌氧处理+还田""堆肥+废水处理"和生物发酵床等技术模式，对粪便和废水资源化利用或处理。农村环境连片整治有效地改善了农村环境污染问题。农村生活垃圾连片处理项目中提到，建有区域性生活垃圾堆肥厂、垃圾焚烧发电厂的地区，须优先开展垃圾分类，配套建设生活垃圾分类、收集、贮存和转运设施，进行资源化利用。交通不便、布局分散、经济欠发达的村庄，适宜采用生活垃圾分类资源化利用的技术模式，有机垃圾与秸秆、稻草等农业生产废弃物混合堆肥或气化，实现资源化利用，其余垃圾定时收集、清运，转运至垃圾处理设施进行无害化处理。城镇化水平较高、经济较发达、人口规模大、交通便利的村庄，适宜利用城镇生活垃圾处理系统，实现城乡生活垃圾一体化收集、转运和处理。处置生活垃圾产生量较大时，应因地制宜建设区域性垃圾转运和压缩设施。农村环境连片整治工作的开展是农村环境改善的有效方式，取得了进展性的效果。

第二节　地下水环境管理

一、地下水污染防治区划

地下水污染防治区划是地下水污染地质调查评价工作的一项重要内容，其目的是保护地下水资源，为制订和实施地下水污染防治规划提供依据。目前，地下水污染防治区划并未形成明确概念。有学者认为地下水污染防治区划是基于一定的调查与原则，在评价地下水现实和潜在的利用价值、含水层遭受污染的脆弱性、土地利用和污染源类型、分布来确定污染荷载的风险性，以及根据地下水的不同使用功能来确定污染危害性的基础上开展的区划。其中地下水功能评价和地下水脆弱性评价是地下水污染防治区划的基础。有学者认为地下水污染防治区划是针对地下水污染问题，从污染事件发生的本质角度、地下水开采利用的社会经济角度及现阶段实施地下水保护措施的政策角度综合开展的地下水评价。

（一）污染源载荷评估

地下水重点污染源主要包括工业污染源、矿山开采区、危险废物处置场、垃圾填埋场、加油站、农业污染源和高尔夫球场等。

单个地下水污染源荷载风险的计算公式为：

$$P = T \times L \times Q \tag{7-1}$$

式中：P——污染源荷载风险指数。

T——污染物毒性，以致癌性标示。

L——污染源释放可能性，与污染物类型、污染年份、防护措施等有关。

Q——可能释放污染物的量，与污染年份、污染面积、排放量等有关。

将单个污染源风险进行计算，计算结果 P 值由大到小排列，根据取值范围分为低、较低、中等、较高、高五个等级。依据各污染源计算结果叠加形成综合污染源荷载等级图，由强到弱分为强、较强、中等、较弱、弱五级。

（二）地下水脆弱性评估

地下水脆弱性评估主要针对我国浅层地下水的水文地质条件，提出适合的孔隙潜水、岩溶水及裂隙水的地下水脆弱性评估方法，得出在天然状态下地下水对污染所表现的本质敏感属性。地下水脆弱性评估与污染源或污染物的性质和类型无关，取决于地下水所处的地质与水文条件，是静态、不可变和人为不可控制的。因此，地下水脆弱性评估首要是判别地下水类型，然后识别地下水脆弱性的主控因素。

（三）地下水功能的价值评估

地下水的使用功能主要包括饮用水、饮用天然矿泉水、地热水、盐卤水、农业用水、工业用水等。在明确地下水使用功能的基础上，地下水功能的价值等级的计算要综合考虑两个方面因素：地下水水质和地下水富水性。地下水水质可采用《地下水质量标准》（GB/T14848-2017）和《生活饮用水卫生标准》（GB 5749-2022）中的单因子污染评价法和综合污染评价法。地下水富水性表征地下资源的埋藏条件和丰富程度，可用评估基准年的单井涌水量表征。

（四）地下水污染的现状评估

地下水污染的现状评估是指在不同的地下水使用功能区内评估人类活动产生的有毒有害物质的程度。主要采用"三氮"、重金属和有机类等有毒有害污染指标，在扣除背景值的前提下进行评估，直观反映人为影响的污染状况，根据评估指标超过标准的程度进行分区。其评估方法主要是对照法。

二、地下水环境监测

地下水环境监测是评价地下水环境质量的重要依据，是检验地下水环境保护措施是否有效的直接手段。通过监测评价地下水污染程度和污染浓度的分布，可识别地下水污染问题成因和责任主体。地下水环境监测是发现隐蔽性地下水污染状况的眼睛，是开展地下水污染防治的重要基础。

建立地下水环境监测网，应充分利用现有国土、水利和环保等地下水环境监测井。地下水环境监测井以地下水集中式饮用水水源和重点污染源等小尺度为主，以区域大尺度为辅。孔隙型地下水饮用水水源地监测点布设宜采用网格法布点，岩溶地下水饮用水水源地监测点宜按照地下河管道布点，裂隙型地下水饮用水水源地监测点宜按照裂隙发育通道布点。如，针对位于华北平原地下水集中式饮用水源补给径流区的石油化工企业、大中型矿山开采及加工区、地市级以上工业固体废物堆存场和填埋场、规模较大的生活垃圾堆放场、高尔夫球场等地下水环境风险较大的重点污染源，监测井布设须满足在每个污染源地下水背景区至少布置一个监测井和下游区至少布置三个监测井，及时掌控地下水污染态势。

科学布设监测井层位，构建立体分层监测网。地下水不同层位可能具有不同使用功能和污染状况，应根据监测对象和目的设置相应地下水监测层位，构建地下水三维立体分层环境监测网，为地下水质分层评价提供依据。地下水集中式饮用水水源地下水环境监测应以饮用水开采的含水层段为主，兼顾有水力联系含水层。重点污染源周边地下水环境监测以浅层地下水监测为主。区域尺度地下水环境监测层位包括浅、中、深层的不同含水层组，监控不同层位地下水环境状况。

四、地下水污染控制

（一）地下水污染的主要途径

地下水污染途径是污染物从污染源到达地下水中整个过程的路径。其途径有：通过渗井、渗坑的直接注入；通过地表水体（河流、湖泊、明渠、蓄水池、污水库、海水等）的入渗；工业废水和生活污水通过包气带的渗透；含水层中污染物质的运移，包括扩散、对流和弥散；相邻含水层的补给。在考虑地下水污染途径时，要重视地下水可能的补给源是否受到污染、补给途径中有无污染物存在等情况。

按照水力学上的特点，地下水污染途径又可分为四类：间歇入渗型、连续入渗型、越流型和径流型。

1. 间歇入渗型。特点是污染物通过大气降水或灌溉水的淋滤，使固体废物、表层土壤或地层中的有毒或有害物质周期性（灌溉旱田、降雨时）从污染源通过包气带土层渗入含水层。这种渗入一般是呈非饱水状态的淋雨状渗流形式，或者呈短时间的饱水状态连续渗流形式。其污染物是呈固体形式赋存于固体废物或土壤中的。当然，也包括用污水灌溉大田作物，其污染物则是来自城市污水。这种类型的污染对象主要是潜水。

2. 连续入渗型。特点是污染物随各种液体废弃物不断经包气带渗入含水层，这种情况下或者包气带完全饱水，呈连续入渗的形式，或者是包气带上部的表水层完全饱水呈连续渗流形式，而其下部（下包气带）呈非饱水的淋雨状的渗流形式渗入含水层。这种类型的污染物一般是液态的。最常见的是污水蓄积地段（污水池、污水渗坑、污水快速渗滤场、污水管道等）的渗漏，以及被污染的地表水体和污水渠的渗漏，当然污水灌溉的水田更会造成大面积的连续入渗。这种类型的污染对象亦主要是潜水。

3. 越流型。特点是污染物通过层间越流的形式转入其他含水层。这种转移或者通过天然途径（水文地质天窗），或者通过人为途径（结构不合理的井管、破损的老井管等），或者因为人为开采引起的地下水动力条件的变化而改变了越流方向，使污染物通过大面积的弱隔水层越流转移到其他含水层。其污染来源可能是地下水环境本身的，也可能是外来的，它可能污染承压水或潜水。

4. 径流型。特点是污染物通过地下水径流的形式进入含水层，即或者通过废水处理井，或者通过岩溶发育的巨大岩溶通道，或者通过废液地下储存层的隔离层的破裂进入其他含水层。海水入侵是海岸地区地下淡水超量开采而造成海水向陆地流动的地下径流。其污染物可能是人为来源，也可能是天然来源，可能是污染潜水或承压水。

（二）现阶段主要控制的地下水污染源

1. 城镇污染

持续削减影响地下水水质的城镇生活污染负荷，控制城镇生活污水、污泥及生活垃圾对地下水的影响。在提高城镇生活污水处理率和回用率的同时，加强现有合流管网系统改造，减少管网渗漏；规范污泥处置系统建设，严格按照污泥处理标准及堆存处置要求对污泥进行无害化处理处置。逐步开展城市污水管网渗漏排查工作，结合城市基础设施建设和改造，建立健全城市地下水污染监督、检查、管理及修复机制。降低大中城市周边生活垃圾填埋场或堆放场对地下水的环境影响，目前正在运行且未做防渗处理的城镇生活垃圾填埋场，应完善防渗措施，建设雨污分流系统。对于已封场的城镇生活垃圾填埋场，要开展稳定性评估及长期地下水水质监测。对于已污染地下水的城镇生活垃圾填埋场，要及时开展顶部防渗、渗滤液引流、地下水修复等工作。

2. 工业污染

建立工业企业地下水影响分级管理体系，以石油炼化、焦化、黑色金属冶炼及压延加工业等排放重金属和其他有毒有害污染物的工业行业为监管重点。石油天然气开采的油泥堆放场等废物收集、贮存、处理处置设施应按照要求采取防渗措施，并防止回注过程中对地下水造成污染。石油天然气管道建设应避开饮用水源保护区，确实无法绕行的，应采取严格的防渗漏等特殊处理措施后从地下通过，最大限度地防止输送过程中的跑冒滴漏。防控地下工程设施或活动对地下水的污染，兴建地下工程设施或者进行地下勘探、采矿等活动，特别是穿越断层、断裂带以及节理裂隙的地下水发育地段的工程设施，应当采取防护性措施。整顿或关闭对地下水影响大、环境管理水平差的矿山。

3. 农业面源污染

除化肥和农药等主要污染源防控外，还要把控制污水灌溉作为重点。要科学分析灌区水文地质条件等因素，客观评价污水灌溉的适用性。避免在土壤渗透性强、地下水位高、含水层露头区进行污水灌溉，防止灌溉引水量过大，杜绝污水漫灌和倒灌引起深层渗漏污染地下水。污水灌溉的水质要达到灌溉用水水质标准。定期开展污灌区地下水监测，建立健全污水灌溉管理体系。

重污染地表水侧渗、垂直补给和土壤污染也是导致地下水污染的途径之一。

第三节　海洋环境管理

一、我国海洋环境管理体制

与海洋环境问题严峻的形势相比，我国海洋环境管理"条块分割、以块为主、分散管理"的体制机制基本延续了新中国成立后以行业职能管理为基础的形式。1980 年，由国家计委、科委等五部委联合开展的全国海岸带和海涂资源综合调查工作拉开了我国海洋环境综合管理的序幕，沿海各地方省市相继成立了专司海洋环境管理的厅（局）机构。1982年《海洋环境保护法》的颁布，更是以法律形式确定了我国海洋环境管理体制综合为导向、行业为基础的基本格局。1988 年，《关于国务院机构改革的决定》正式赋予了国家海洋局海洋综合管理职能，其职责之一就是负责全国的海洋环境保护与监督等，并通过一系列海洋环境保护法规和机构的建立，积极推进我国海洋环境管理体系的建构。1998 年，国家海洋局由隶属国务院的直属局整合为国土资源部的直属部门，我国海洋环境管理体制的集中性进一步提升。这种提升在 2013 年后达到高点，原有四个海洋环境执法队伍整合为海警局和海事局两大执法队伍，标志着我国海洋环境管理进入新时期。

纵观我国海洋环境管理体制的演变历程，我国海洋环境管理体制发展有两条主线贯穿其中：一方面，我国海洋环境管理体制一直沿袭着将有关海洋环境管理的活动划分给不同职能部门进行分工管理，这种职能管理是政府陆地管理模式向海洋的延伸。另一方面，在职能管理的基础上，海洋环境的"综合管理"逐渐纳入国家视野。因此，逐渐形成了我国现行海洋环境管理体制中综合管理与职能管理、统一管理与分级管理的统筹结合。

从国家层面来讲，我国海洋环境管理体制呈现出"条条"状的管理模式，体现了综合管理与职能管理的统筹。一方面，我国已经成立了综合化的海洋环境管理与协调机构，即国家海洋委员会和国土资源部国家海洋局。前者作为高层次的海洋议事协调机构，其负责研究和制定国家海洋发展战略，统筹协调海洋各大事项；后者作为国家海洋行政主管部门，则承担全国海洋环境的监督管理、处置海洋污染损害等工作。另一方面，《海洋环境保护法》第一章第五条规定，我国海洋环境管理的相关政府部门还有作为国务院环境保护行政主管部门的环境保护部、作为国家海事行政主管部门的交通运输部海事局、作为国家渔业行政主管部门的农业部渔业局以及海军环境保护部门，使得海洋环境管理的职能分散于交通运输管理部门、国土资源部门，农业管理部门的多个职能机构中。另外，国家海洋局统一指挥中国海警局队伍，其与中国海事局共同肩负着我国海洋环境管理执法的职能。

从地方层面来讲，我国海洋环境管理体制呈现出"块块"状，就是将沿海地方政府及其领导下的职能部门延展至海洋，赋予沿海地方政府以海洋环境管理职能。但地方的相关机构设置、职责权限与中央多职能部门分管的体制类型并不完全对接，主要有两种机构：一是沿海县级以上地方政府（包括 8 个省、1 个自治区和 2 个直辖市），二是地方海洋环境管理机构。且后者在实践中逐渐形成了三种模式：模式一是辽宁、山东、江苏、浙江、福建、广东、海南设立的海洋与渔业厅（局）模式；模式二是天津、河北、深圳成立的单一海洋局，前者为天津市 18 个市政府直属机构之一；模式三是将国土、矿产、海洋部门进行整合成立了国土资源厅（局），承担全省（市）的海洋环境管理职能。

当前的海洋环境管理体制，海洋环境管理职能平均或低差异性地分配给不同职能部门，而不是由某一部门集中担责，无法形成统一的组织与协调机制，导致无法应对快速性、复杂性、多样性和敏感性的海洋事务。一方面，国家海洋局虽然承担海洋综合管理职能，但海洋环境保护仅是其职能之一，甚至海洋环境执法还需要与海事局联合行动，极大地降低了管理的权威性。另一方面，从机构级别来看，作为海洋环境保护行政主管部门的国家海洋局目前仅仅是国土资源部下设的副部级机构，而其他海洋环境管理部门既有属于平级的副部级机构，也有属于部级的更高一级的管理部门。因此，在海洋环境管理过程中，让层次较低的部门去协调层次较高的不同部门，极易出现"低层次协调失灵"的局面。

三、海洋环境管理的主要制度

（一）主要污染物排海总量控制制度

污染物总量控制制度在我国已正式施行十余年，但在海洋领域，因管理体制所限和自然条件特殊，污染物排海总量控制始终未正式推行，2016 年修订的《海洋环境保护法》对此做了进一步修改和强调："在国家建立并实施排污总量控制制度的重点海域，水污染物排放标准的制定，还应当将主要污染物排海总量控制指标作为重要依据。排污单位在执行国家和地方水污染物排放标准的同时，应当遵守分解落实到本单位的主要污染物排海总量控制指标。"

实施总量控制的污染物种类各海域可以不同，视污染源情况、污染物种类和数量、海域环境质量和经济技术条件确定。一般来说，海域污染物总量控制主要有四种类型，即区域环境质量目标控制，海域允许纳污总量控制，陆源排污入海容量总量控制，海洋产业排污总量控制。海域污染物总量控制的基本要素包括区域经济目标、区域环境目标，海域功能与环境目标、海域环境状况与趋势、海域自净能力，排污强度与处理能力，排污源与目标之间相应关系，污染防治政策法规和制度、决策支持系统、管理组织机构等。建立并实施总量控制制度以目标总量控制和容量总量控制为主，至于具体的总量控制区域的提出，实施总量控制的污染物种类和控制目标的确定，根据法律规定由国务院制定。

沿海地级及以上城市根据近岸海域水质改善需求，结合水域纳污能力，围绕无机氮等首要污染物，因地制宜地确定污染物排放控制指标，并纳入污染物排放总量约束性指标体系。按照《控制污染物排放许可制实施方案》的要求，改变单纯的以行政区域为单元分解污染物排放总量指标的方式，通过差别化和精细化的排污许可证管理，落实企事业单位污染物排放总量控制要求，逐步实现由行政区污染物排放总量控制向企事业单位污染物排放总量控制转变。

（二）入海排污口管理

陆源污染是海洋环境污染的最大来源，据估计，每年进入海洋的污染物质约有 50%～90% 来自于陆源污染。陆源入海排污口作为最典型的陆源入海排放点源，由于其可控性相对较强，并且与人类活动紧密相关，一直以来都是世界各国防止陆域人类活动污染近岸海洋环境的主要控制对象，"保护海洋环境免受陆源污染全球行动计划"（GPA/NPA）已经将"污水排放"作为优先关注的主要问题之一。

目前我国各部委中涉及排污口管理的主要包括水利部、环境保护部和国家海洋局。由于各自的职能不同，对于排污口的分类方式也不尽相同。通过比较各部委关于排污口分类的特点，在海洋部门前期分类方法的实践经验的基础上，对现行的陆源入海排污口分类体系做调整，提出多层次分类体系。根据污水的处理程度和入海方式进行第一层分类，依据具体的行业和产污主体类型进行多层次的细化分类。第一层包括污水直排口、排污河和污水海洋处置工程排放口三类。①污水直排口。污水从陆地直接通过岸边排放的形式排放入海，主要包括工业企事业单位直排口、各类市政或生活污水口以及养殖废水直排口。②排污河。污水通过天然存在的河道排放入海，主要指人工修建或自然形成，现阶段以排放污水为主（枯水期污水量占径流量 50% 以上）的小型河流（沟、渠、溪）。③污水海洋处置工程排放口。污水排放经过了海洋处置工程论证，利用放流管和水下扩散器向海域排放污水的排污口。

入海排污口位置是否合理，直接关系到对海洋环境影响的程度。根据《海洋环境保护法》，入海排污口位置的选择，应当根据海洋功能区划、海水动力条件和有关规定，经科学论证后，报设区的市级以上人民政府环境保护行政主管部门审查批准。环境保护行政主管部门在批准设置入海排污口之前，必须征求海洋、海事、渔业行政主管部门和军队环境保护部门的意见。在海洋自然保护区、重要渔业水域、海滨风景名胜区和其他需要特别保护的区域，不得新建排污口。在有条件的地区，应当将排污口深海设置，实行离岸排放。

（三）海岸工程与海洋工程管理

为便于区分行政管理主体，我国海洋环境管理将涉海工程按照其与海岸线的地理位置关系，分为海岸工程和海洋工程。《海洋环境保护法》《防治海岸工程建设项目污染损害海洋环境管理条例》《防治海洋工程建设项目污染损害海洋环境管理条例》等对海岸工程和海洋工程的具体界定做了详细规定。

海岸工程，是指位于海岸或者与海岸连接，工程主体位于海岸线向陆一侧，对海洋环境产生影响的新建、改建、扩建工程项目。具体包括：港口、码头、航道、滨海机场工程项目，造船厂、修船厂、滨海火电站、核电站、风电站、滨海物资存储设施工程项目，滨海矿山、化工、轻工、冶金等工业工程项目，固体废弃物、污水等污染物处理处置排海工程项目，滨海大型养殖场，海岸防护工程、砂石场和入海河口处的水利设施，滨海石油勘探开发工程项目。

海洋工程，是指以开发、利用、保护、恢复海洋资源为目的，并且工程主体位于海岸线向海一侧的新建、改建、扩建工程。具体包括：围填海、海上堤坝工程，人工岛、海上和海底物资储藏设施、跨海桥梁、海底隧道工程，海底管道、海底电（光）缆工程，海洋矿产资源勘探开发及其附属工程，海上潮汐电站、波浪电站、温差电站等海洋能源开发利用工程，大型海水养殖场、人工鱼礁工程，盐田、海水淡化等海水综合利用工程，海上娱乐及运动、景观开发工程。

对环境有影响的海岸工程和海洋工程，在建设期都应调查、分析、预测其对海洋资源与生态环境的影响，并提出环境保护措施，编写相应的环评文件，报有关部门审批。其中，海岸工程的环评文件由环境保护行政主管部门审批，海洋工程的环评文件由海洋行政主管部门审批，建设单位应做好"三同时"工作。

第四节　水环境管理的创新

一、河长制

2016 年 10 月，中央全面深化改革领导小组第 28 次会议通过《全面推进河长制的意见》。首创于江苏省无锡市的河长制，通过电影《河长》及媒体的宣传推介，逐步在全国大多数省、市、县推开，得到了中央的充分认可，以政策制度形式确定下来，全面推行实施，彰显这一地方创新实践对江河湖泊环境治理与保护极具成效和生命力。河长制是以各级党政主要领导（有的地方包括党政副职，人大、政协领导）担任辖区某条河流河长，履行治理与保护责任的一种行政管理形式。一般一条河流根据面积设一级、二级、三级河长，由高到低相对应党委政府级别，河长下面设有若干段长，由流经地的县、乡镇或村居委会负责人担任，形成河流治理与保护的责任链条。河长只单向对所担任的河流环境治理与保护负责，段长对本河流的河长负责。河（段）长都在地方党委政府的统一领导下按照河长制统一部署开展工作，履行责任，同时接受党委政府组织的检查、督查、调度、考核、奖惩和问责等，推动辖区河流环境综合管理及水质改善工作。

创造性地推出河长制，目的在于改变地方政府对水环境防治工作领导重视不够、协调优势发挥不足等局面。按照《全面推进河长制的意见》全面建立省、市、县、乡四级河长体系，各省（自治区、直辖市）设立总河长，由党委或政府主要负责同志担任；各省（自治区、直辖市）行政区域内主要河湖设立河长，由省级负责同志担任；各河湖所在市、县、乡均分级分段设立河长，由同级负责同志担任，县级及以上河长设置相应的河长制办公室，具体组成由各地根据实际确定。各级河长负责组织领导相应河湖的管理和保护工作，包括水资源保护、水域岸线管理、水污染防治、水环境治理等，牵头组织对侵占河道、围垦湖泊、超标排污、非法采砂、破坏航道、电毒炸鱼等突出问题依法进行清理整治，协调解决重大问题；对跨行政区域的河湖明晰管理责任，协调上下游、左右岸实行联防联控；对相关部门和下一级河长履职情况进行督导，对目标任务完成情况进行考核，强化激励问责。河长制办公室承担河长制组织实施具体工作，落实河长确定的事项。各有关部门和单位按照职责分工，协同推进各项工作。

二、引入水环境第三方治理

环境污染治理是一项专业性、技术性很强的工作，在这种情况下，环境污染第三方治理模式应运而生，发展迅速。党的十八届三中全会明确提出要推行环境污染第三方治理。国务院于 2014 年出台了《关于推行环境污染第三方治理的意见》（国办发〔2014〕9 号），对第三方治理的推行工作提出了总体指导意见和要求。为进一步推行第三方治理模式，并对第三方治理推行工作提出专业化意见，指导全国各地开展相关工作，环境保护部于 2017 年 8 月出台了《环境保护部关于推进环境污染第三方治理的实施意见》。充分发挥市场的作用，在水环境管理中引入第三方治理管理，在水污染防治领域大力推广运用政府和社会资本合作（PPP）模式，对提高环境公共产品与服务供给质量，提升水污染防治能力与效率具有重要意义，水环境第三方治理更是极具发展前景的重点领域之一。

未来水环境第三方治理需要解决的主要问题包括：一是责任不明晰。根据新《环保法》，排污单位应对污染环境造成的损害承担责任，第三方治理单位应承担连带责任。但在实践中如何具体界定责任，相关法律法规缺乏进一步的具体规定。排污单位和第三方治理单位责任界定不清，易导致忽视责任义务、出现问题推诿扯皮甚至相互勾结的现象。二是一些地方政府职能定位不清。一些地方政府部门，观念转变和职能转变较慢，找不准在推进第三方治理中的职能定位，既当裁判员又当运动员，注重经济利益，不注重环境公共服务，不能充分履行制定规则、监督规则执行、提供服务的职能。三是第三方服务市场环境存在一定缺失。实现环境第三方治理需要具有契约精神、市场经济的环境以及法治意识。目前实践中，政府和企业在履行合同中不履约、毁约现象屡见不鲜，在项目招标中暗箱操作、低价中标、民资企业参与难度大、服务质量差等问题较为突出。四是行业不规范。国家持续推进简政放权，取消了第三方治理的准入门槛，而第三方治理企业目前技术服务水平参差不齐，市场契约精神缺乏，易导致恶意竞争、弄虚作假、违约失信和违法牟利等行为，影响环境治理成效。五是行业信息缺失。目前缺乏对第三方治理行业的引导及信息的整合应用和公开，导致排污单位在选择第三方进行污染治理时，难以获取完整、准确的第三方治理企业信息。六是未建立完善合理的价格机制和制度规则。目前没有建立完善的反映成本效益的合理收费机制，而政府购买服务过程中，注重形式，忽视建立盈利机制、价格形成机制、收费保障机制、调价机制、按质论价等机制，依赖财政补贴等传统手段，忽视市场手段。另外，对于环境服务环境的细化、效果评估、责任界定等规则仍较为缺乏，制度和规则的缺失在一定程度上制约了第三方治理模式的实施。

第八章　土壤与固体废物管理

第一节　土壤环境管理

一、土壤环境管理对象和目标

（一）土壤环境管理对象

"民以食为天""土壤是万物之本、生命之源"。土壤是人类赖以生存、兴国安邦、文明建设的基础资源。土壤圈是地球表层系统最为活跃的圈层，是连接大气圈、水圈、岩石圈和生物圈的核心要素。人类消耗的80%的热量、75%以上的蛋白质及大部分纤维，都直接来源于土壤，它不但为植物与动物提供良好的生态环境，也为人类提供良好的生活环境。当前，随着新型工业化、信息化、城镇化、农业现代化同步发展，我国土壤问题日趋突出，不仅威胁到国家食物安全、生态安全和人体健康，还制约了我国社会经济的可持续发展和生态文明建设。

土壤可持续发展可分为土壤资源、土壤环境和土壤生态三大议题。土壤资源管理属于土地利用管理范畴，主要指在国土空间利用管理体系框架下，协调经济、社会和生态利益，在土壤资源不减或少减的前提下，确保可持续发展；土壤环境管理具体指对土壤污染防治和不同类型用地土壤环境质量的管理；土壤生态则重点探讨土壤生物多样性与土壤生态系统功能问题。本章重点介绍土壤环境管理问题，同时为保持体系完整性并考虑我国环境管理体制，将固体废物管理纳入本章。

（二）土壤环境管理目标

确保土壤安全是土壤环境管理的根本目标。土壤安全是基于社会可持续发展目标的一种土壤系统认知，在全球环境可持续发展体系下，土壤对粮食安全、水安全、能源可持续性、气候稳定性、生物多样性及生态系统服务供应等方面具有不可替代的重要作用。一般来说，土壤安全不仅具有自然属性（包括土壤的物理、化学、生物学过程变化），而且具有社会属性（包括经济、社会、政策等）。可采用 5 类指标性能（capability）、状态（condition）、资本（capital）、关联性（connectivity）和法律法规（codification）来综合评估土壤的安全性，以达到保护土壤之目的。

国务院印发的《土壤污染防治行动计划》（又被称为"土十条"）提出了我国土壤环境管理的基本思路与主要奋斗目标。我国土壤环境管理要立足我国国情和发展阶段，着眼经济社会发展全局，以改善土壤环境质量为核心，以保障农产品质量和人居环境安全为出发点，坚持预防为主、保护优先、风险管控，突出重点区域、行业和污染物，实施分类别、分用途、分阶段治理，严控新增污染、逐步减少存量，形成政府主导、企业担责、公众参与、社会监督的土壤污染防治体系。到 2030 年，全国土壤环境质量稳中向好，农用地和建设用地土壤环境安全得到有效保障，土壤环境风险得到全面管控。到 21 世纪中叶，土壤环境质量全面改善，生态系统实现良性循环。受污染耕地安全利用率达到 95% 以上，污染地块安全利用率达到 95% 以上。

二、土壤环境管理主要政策

我国土壤污染防治与环境管理的总体考虑有三点：一是问题导向，底线思维。考虑到土壤污染具有隐蔽性和我国防治工作起步较晚、基础薄弱的特点，提出坚决守住影响农产品质量和人居环境安全的土壤环境质量底线。二是突出重点，有限目标。针对当前损害群众健康的突出的土壤环境问题，以农用地中的耕地和建设用地中的污染地块为重点，对重度污染耕地提出更严格的管控措施，对污染地块建立开发利用的负面清单。三是分类管控，综合施策。根据污染程度将农用地分为三个类别，分别实施优先保护、安全利用和严格管控等措施；对建设用地，按不同用途明确管理措施，严格用地准入；对未利用土地也提出针对性管控要求。

（一）农用地土壤环境管理

农用地土壤环境实行差别化管理政策。根据"土十条"规定，我国按污染程度将农用地划为三个类别，未污染和轻微污染的划为优先保护类，轻度污染和中度污染的划为安全利用类，重度污染的划为严格管控类，分别采取相应的管理措施，保障农产品的质量安全。这一分类是根据土壤污染程度划定的，其目标是最大限度地降低农产品超标风险。此前农业、国土资源部门组织开展的农用地分等定级主要反映土地生产力水平的差异，主要依据地理区位、水热条件、经济价值等因素进行划定。

1. 优先保护类耕地

各地要将符合条件的优先保护类耕地划为永久基本农田，实行严格保护，确保其面积不减少、土壤环境质量不下降，除法律规定的重点建设项目选址确实无法避让外，其他任何建设不得占用。高标准农田建设项目向优先保护类耕地集中的地区倾斜。推行秸秆还田、增施有机肥、少耕免耕、粮豆轮作、农膜减量与回收利用等措施。农村土地流转的受让方要履行土壤保护的责任，避免因过度施肥、滥用农药等掠夺式农业生产方式造成土壤环境质量下降。严格控制在优先保护类耕地集中区域新建有色金属冶炼、石油加工、化工、焦化、电镀、制革等行业企业，优先保护类耕地集中区域现有可能造成土壤污染的相关行业企业应当按照有关规定采取措施，防止对耕地造成污染。

2. 安全利用类耕地

根据土壤污染状况和农产品超标情况，安全利用类耕地集中的县（市、区）要结合当地主要作物品种和种植习惯，制订实施受污染耕地安全利用方案，采取农艺调控、替代种植等措施，降低农产品超标风险。

3. 严格管控类耕地

加强对严格管控类耕地的用途管理，依法划定特定农产品禁止生产区域，严禁种植食用农产品，对威胁地下水、饮用水水源安全的，有关县（市、区）要制订环境风险管控方案，未来将严格管控类耕地纳入国家新一轮退耕还林还草实施范围，制订重度污染耕地种植结构调整或退耕还林还草计划。

（二）用地准入与退出环境管理

1. 场地调查评估制度

对拟收回土地使用权的有色金属冶炼、石油加工、化工、焦化、电镀、制革等行业企业用地，以及用途拟变更为居住和商业、学校、医疗、养老机构等公共设施的上述企业用地，由土地使用权人负责开展土壤环境状况调查评估；已经收回的，由所在地市、县级人民政府负责开展调查评估。重度污染农用地转为城镇建设用地的，由所在地市、县级人民政府组织开展调查评估。按有关规定开展场地环境调查及风险评估的，未明确治理修复责任主体的，禁止进行土地流转；污染场地未经治理修复的，禁止开工建设与修复无关的任何项目。按照《场地环境调查技术导则》（HJ 25.1—2014），场地环境调查分为三个阶段：第一阶段，场地环境调查是以资料收集、现场踏勘和人员访谈为主的污染识别阶段；第二阶段，场地环境调查是以采样与分析为主的污染证实阶段，若需要进行风险评估或污染修复时，则要进行第三阶段场地环境调查；第三阶段，场地环境调查以补充采样和测试为主，获得满足风险评估及土壤和地下水修复所需的参数。土壤污染风险评估是指采用概率方法对土壤污染造成的某种危害后果出现的可能性进行表征。土壤污染风险通常可分为健康风险和生态风险两大类。健

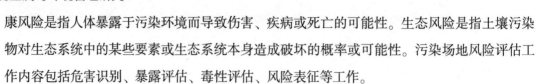

康风险是指人体暴露于污染环境而导致伤害、疾病或死亡的可能性。生态风险是指土壤污染物对生态系统中的某些要素或生态系统本身造成破坏的概率或可能性。污染场地风险评估工作内容包括危害识别、暴露评估、毒性评估、风险表征等工作。

2. 土壤规划与建设项目事前管理制度

加强规划区划和建设项目布局论证，根据土壤等环境承载能力，合理确定区域功能定位、空间布局，严格执行相关行业企业布局选址要求，禁止在居民区、学校、医疗和养老机构等周边新建有色金属冶炼、焦化等行业企业。排放重点污染物的建设项目，在开展环境影响评价时，要增加对土壤环境影响的评价内容，并提出防范土壤污染的具体措施；需要建设的土壤污染防治设施，要与主体工程同时设计，同时施工，同时投产使用。对未利用地拟开发为农用地的，有关县（市、区）人民政府要组织开展土壤环境质量状况评估，不符合相应标准的，不得种植食用农产品。严防矿产开发污染土壤，内蒙古、江西、河南、湖北、湖南、广东、广西、四川、贵州、云南、陕西、甘肃、新疆等省区矿产资源开发活动集中的区域，执行重点污染物特别排放限值。

（三）污染地块土壤环境管理

我国所指"污染地块"包括疑似污染地块与污染地块。按照《污染地块土壤环境管理办法》，疑似污染地块指从事过有色金属冶炼、石油加工、化工、焦化、电镀、制革等行业生产经营，以及从事过危险废物贮存、利用、处置活动的用地。按照国家技术规范确认超过有关土壤环境标准的疑似污染地块，称为污染地块。污染地块土壤环境管理除常规调查评估外，还包括以下三个方面：

污染地块风险管控。根据土壤环境调查和风险评估结果，对需要采取风险管控措施的污染地块，制订风险管控方案，实行有针对性的风险管控措施。如及时移除或者清理污染源，采取污染隔离、阻断等措施，防止污染扩散，开展土壤、地表水、地下水、空气环境监测，发现污染扩散后及时采取有效补救措施。

污染地块治理与修复。即通过物理、化学和生物的方法转移、吸收、降解和转化土壤中的污染物，使其浓度降低到可接受水平，或将有毒有害的污染物转化为无害物质，一般包括生物修复、物理修复和化学修复三类方法。由于土壤污染的复杂性，有时需要采用多种技术。我国明确规定，污染地块治理与修复工程完工后，土地使用权人应当委托第三方机构对治理与修复效果进行评估。

此外，我国十分关注污染地块责任划分，涉及土地使用权人、土壤污染责任人、专业机构及第三方机构的责任。一是土地使用权人责任。土地使用权人应当负责开展疑似污染地块土壤环境初步调查和污染地块土壤环境详细调查、风险评估、风险管控或者治理与修复及其效果评估等活动，并对上述活动的结果负责。二是治理与修复责任。按照"谁污染，谁治理"原则，造成土壤污染的单位或者个人应当承担治理与修复的主体责任。责任主体发生变更的，由变更后继承其债权、债务的单位或者个人承担相关责任。责任主体灭失或者责任主体不明确的，由所在地县级人民政府依法承担相关责任。土地使用权依法转让的，由土地使用权受让人或者双方约定的责任人承担相关责任。土地使用权终止的，由原土地使用权人对其使用该地块期间所造成的土壤污染承担相关责任。实行土壤污染治理与修复终身责任制。三是专业机构及第三方机构责任。受委托从事疑似污染地块和污染地块相关活动的专业机构，或者受委托从事治理与修复效果评估的第三方机构，应当遵守国家和地方有关环境标准和技术规范，并对相关活动的调查报告、评估报告的真实性、准确性、完整性负责。受委托从事风险管控、治理与修复的专业机构，应当遵守国家有关环境标准和技术规范，按照委托合同的约定，对风险管控、治理与修复的效果承担相应责任。受委托从事风险管控、治理与修复的专业机构，在风险管控、治理与修复等活动中弄虚作假，造成环境污染和生态破坏，除依照有关法律法规接受处罚外，还应当依法与其他责任者共同承担连带责任。

第二节　固体废物管理

一、概述

（一）定义与分类

固体废物污染已经和水污染、大气污染、噪声污染一起成为四大污染公害，但是却不像水污染、大气污染和噪声污染那样直观，而是具有自己的特点。《中华人民共和国固体废物污染环境防治法》规定，固体废物是指在生产、生活和其他活动中产生的丧失原有利用价值或者虽未丧失利用价值但被抛弃或者放弃的固态、半固态和置于容器中的气态的物品、物质以及法律、行政法规规定纳入固体废物管理的物品、物质。法律将固体废物分为工业固体废物、生活垃圾、危险废物三个大类，从管理的角度出发，可以按照不同准则对固体废物进行分类。

1. **分类**

（1）按来源分类

可分为矿业固体废弃物（采矿废石、选矿尾矿等）、工业固体废弃物（燃料废渣、冶金渣、化工渣等）、建筑废弃物、农业固体废弃物来源（农膜、秸秆、牲畜的排泄物等）、放射性废弃物（来自核工业、放射性医疗、科研部门排出的具有放射性的各种固体废弃物等）、城市垃圾（生活垃圾、污水处理厂污泥、医疗垃圾等）。

（2）按性质分类

可分为有机固体废弃物和无机固体废弃物。

（3）按危害性分类

可分为一般废弃物和有害废弃物。凡含有氟、汞、砷、铬、铅、氰等及其化合物和酚、放射性物质的均为有毒工业废渣。

2. **种类**

（1）城市固体废物

城市固体废物又称为城市垃圾，它是指在城市居民生活、商业活动、市政建设、机关办公等活动中产生的固体废物。

根据《固体废物污染环境防治法》规定：生活垃圾，是指在日常生活中或者为日常生活提供服务的活动中产生的固体废物以及法律、行政法规规定视为生活垃圾的固体废物。

（2）工业固体废物

工业固体废物是指各个工业部门生产过程中产生的固体与半固体废物，比如在工业、交通等生产活动中产生的采矿废石、选矿尾矿、燃料废渣、化工生产及冶炼废渣等。工业固体废物是产生量最大的一类固体废物。工业固体废物包括危险固体废物和一般工业固体废物，一般工业固体废物又分为第Ⅰ类和第Ⅱ类。根据《一般工业固体废物贮存、处置场污染控制标准》，一般工业固废分为第Ⅰ类一般工业固体废物和第Ⅱ类一般工业固体废物，其中第Ⅰ类一般工业固体废物为按照 GB5086 规定方法进行浸出试验而获得的浸出液中，任何一种污染物的浓度均未超过 GB8978 最高允许排放浓度，且 pH 值在 6~9 范围之内的一般工业固体废物。第Ⅱ类一般工业固体废物为按照 GB5086 规定方法进行浸出试验而获得的浸出液中，有一种或一种以上的污染物浓度超过 GB8978 最高允许排放浓度，或者是 pH 值在 6~9 范围之外的一般工业固体废物。

（3）农业固体废物

农业固体废物是指农民在生产建设、日常生活和其他活动中产生的丧失原有利用价值或者虽未丧失利用价值但被抛弃或者被放弃的固态、半固态和置于容器中的气态物品、物质和法律、行政法规规定纳入固体废物管理的物品、物质以及从城市转移到农村来的固体废物。包括农用薄膜和农作物秸秆、畜禽粪便、农村生活垃圾等，农业固体废物的产生量大，种类繁多，造成了管理难、处理难的局面。

（4）危险固体废物

危险废物是指列入《国家危险废物名录》或是根据国家规定的危险废物鉴别标准和鉴别方法认定具有危险特性的废物。

在固体废物管理中，"危险废物"是一类十分特殊的废物，一般指具有严重危害环境和人类、动植物生命健康特性的有害废物，目前中国将危险废物的有害特性归纳为急性毒性、易燃性、腐蚀性、反应性、浸出毒性。需要指出的是，各国一般不将放射性作为危险废物的特性而纳入固体废物的管理，而是将具有放射性特性的废物纳入放射性废物管理范畴，中国也是如此。1998年7月4日，中国制定并颁布了《国家危险废物名录》，名录列出了47种国际上公认的具有危险特性的废物种类，在2016年版的《国家危险废物名录》中修订为46大类别479种。《国家危险废物名录》比较详细地列出了危险废物的类型、来源及常见危害组分或废物名称。

（二）主要特征

1. 资源和废弃物的相对性

固体废弃物作为人们消费和使用过后的产品，是丧失原有利用价值甚至并未丧失利用价值就被放弃或抛弃的物质。该类物质本应属于自然循环的一部分，是"放错了地方的资源"，具有明显的时间和空间的特征。从时间方面看，固体废物仅仅相对于目前科技水平还不够高、经济条件还不允许的情况下暂时无法加以利用。但随着时间的推移、科技水平的提高、经济的发展，资源滞后于人类需求的矛盾也日益突出，今天的废物势必会成为明天的资源。从空间角度看，废物仅仅相对于某一过程或某一方面没有使用价值，但并非在所有过程或所有方面都没有使用价值。某一过程中的废物，往往会成为另一过程中的原料。固体废弃物再利用的实践证明了资源化是一种有效的废弃物管理办法。

2. 潜在性、长期性、灾难性

不加利用处置的固体废物，在自然条件的影响下，其中的一些有害成分会转入大气、水体和土壤中，参与生态系统的物质循环，有些污染物质还会在生物体内长期积蓄和富集，通过食物链影响人体的健康，因而具有潜在的、长期的危害性。具体表现在：

侵占土地。固体废物不加以利用时须占地堆放，堆积量越大，占地面积越多。

污染土壤。废物堆放和没有适当的防渗措施的填埋，其中的有害成分很容易经过风化、雨淋、地表径流的侵蚀渗入土壤之中，使土壤毒化、酸化、碱化，从而改变土壤的性质和结构，影响土壤微生物的活动，妨碍植物根系的生长，而且其污染面积往往超过所占土地的数倍。

污染水体。固体废物随天然降水和地表径流进入江河湖泊，或随风飘迁落入水体使地面水污染，随渗沥液进入土壤则会使地下水受到污染，直接排入河流、湖泊或海洋，又会造成更大的水体污染。

污染空气。固体废物一般通过如下途径污染大气：一些有机固体废物在适宜的温度和湿度下被微生物分解，释放出有害气体和以细粒状存在的废渣和垃圾，会随风飘逸扩散到很远的地方，造成大气的粉尘污染；固体废物在运输和处理过程中会产生有害气体和粉尘，采用焚烧法处理固体废物也会污染大气。

二、固体废弃物管理制度体系

（一）管理原则

1. 旧三化和新三化

废弃物管理的"三化"原则，由"消纳"思想发展而来，通过管理实践的反馈，其本身也经历了从旧到新的理念发展过程。"旧三化"原则是一种废弃物处理处置技术的建立准则，着重"末端处理"。固体废物污染防治实行减量化、资源化和无害化，就是使固体废物不产生、少产生；产生的固体废物在生产过程中回收、循环、再利用或作为另一种生产的原料；通过各种处理、处置方式使其安全、无污染地进入最终环境。"新三化"原则，根据其对废弃物管理的重要性及影响程度分为减量化（减少固体垃圾废物产生量和危害性）、资源化（充分利用固体废物资源属性）、无害化（安全处置固体废物，实现环境的无害化），由此废弃物的管理思想由末端处理转变为源头管理。

2. 推行循环经济

循环经济是一种新型的经济发展模式，它是以资源的高效利用和循环利用为核心，以"减量化、再利用、再循环"为原则，以低消耗、低排放、高效率为基本特征的社会生产和再生产范式，其实质是以尽可能少的资源消耗和尽可能小的环境代价实现最大的发展效益；是以人为本，贯彻和落实新科学发展观的本质要求；是实现由末端治理向源头污染控制的转变。循环经济发展模式以可持续发展理论为指导，用综合性指标看待经济的发展问题，重视节约资源和能源、污染预防和废弃物循环利用，这是一种善待自然，把清洁生产和废弃物的利用融为一体的可持续的物质闭循环流动经济发展模式。

3. 全过程控制管理

衍生于工业生态学思想框架的环境管理全过程控制思想是创新性的环境治理的行为方式，包含了对各环节的全过程管理系统观。固废管理从垃圾产生到收集、贮存、运输、利用、处置各个环节都做了规定，特别是对危险废物实行"从摇篮到坟墓"的环境管理，更加体现了"全过程控制"管理方式。

（二）固废管理机构

根据《中华人民共和国固体废物污染环境防治法》，国务院环境保护行政主管部门对全国固体废物污染环境的防治工作实施统一监督管理。国务院有关部门在各自的职责范围内负责固体废物污染环境防治的监督管理工作。国务院建设行政主管部门和县级以上地方人民政府环境卫生行政主管部门负责生活垃圾清扫、收集、贮存、运输和处置的监督管理工作。

（三）我国固体废弃物管理体系

中国的固体废物管理工作以建立健全法律法规和政策、制度为基础，以污染防治能力建设和处理处置设施建设为重点。主要的法律法规和标准包括：

法律——《中华人民共和国固体废物污染环境防治法》（1995年10月30日第八届全国人民代表大会常务委员会第十六次会议通过，1995年10月30日中华人民共和国主席令第58号公布，自1996年4月1日施行。自发布实施以来，分别经历四次修订：2004年12月29日第一次修订，2013年6月29日第二次修订，2015年4月24日第三次修订，2016年11月7日第四次修订）。

法规——《医疗废物管理条例》《危险化学品安全管理条例》《城市市容和环境卫生管理条例》《危险废物经营许可证管理办法》《固体废物进口管理办法》《电子废物污染环境防治办法》《废弃化学品污染环境防治办法》等。

标准规范——《国家危险废物名录》《进口废物管理目录》《固体废物处理处置工程技术导则》《生活垃圾处理技术指南》《一般工业固体废物贮存、处置场污染控制标准》《危险废物焚烧污染控制标准》《生活垃圾填埋场污染控制标准》《危险废物填埋污染控制标准》《进口可用作原料的固体废物环境保护控制标准》等。

三、生活垃圾管理

生活垃圾，是指在日常生活中或者为日常生活提供服务的活动中产生的固体废物以及法律、行政法规规定视为生活垃圾的固体废物。生活垃圾本身具有两重性，既有可回收利

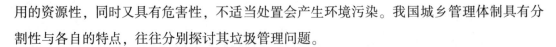

用的资源性，同时又具有危害性，不适当处置会产生环境污染。我国城乡管理体制具有分割性与各自的特点，往往分别探讨其垃圾管理问题。

（一）城市生活垃圾管理

随着社会经济的发展和人民生活水平的提高，城市垃圾产生量越来越多，已成为环境污染的重要来源。填埋、焚烧和堆肥是我国城市垃圾处理的主要方法，其中填埋是最主要的垃圾处理方式，其次是高温堆肥。三种方法各有利弊，垃圾的成分要求也不尽相同。城市垃圾处理并没有全面实施，部分中小城市的垃圾仍然使用直接倾倒和简易填埋等原始方式处理，这种现状给我国的生态环境带来了极大的威胁。虽然近年来国内很多城市进行了垃圾分类处理的探索，启动了垃圾分类试点，但是"宣传意义"大于"实际效果"，现实情况仍是"前期分类不到位，后期处理大锅烩"。基于这种严峻的现实，发展循环经济的迫切需要以及垃圾分类的实践状况等事实判断，经济学、环境学、管理学等相关学科，对"垃圾分类难以实施"的原因给出了解释。王子彦等认为，"垃圾分类及其处理认知不够、垃圾分类回收研究的缺乏以及政府工作不到位，是阻碍城市垃圾分类回收步伐的主要因素"。我国目前的垃圾回收渠道是一些拾荒者和在垃圾场进行后置分类的从业者，他们将已经装好的垃圾倒出来或扒开以寻找废品，使垃圾四处飞散，并且只回收如易拉罐、报纸、啤酒瓶等目前认为有经济价值的东西，而其他具有资源价值和容易造成污染的东西，如废电池、废塑料、废纸片、废玻璃和大量生物垃圾不予收购。这种方式也难以产业化和规模化。此外，要想做到垃圾分类的有效利用，需要在源头对垃圾进行分类，目前我国还没有统一单行的城市生活垃圾处理条例。此外，垃圾分类处理政策规定单一，缺乏外部监督，导致执法力度不足，垃圾分类工作很难有效开展。

根据《中华人民共和国固体废物污染环境防治法》《城市生活垃圾管理办法》《城市市容和环境卫生管理条例》等相关法律的规定，城市生活垃圾的管理包括生活垃圾的清扫、收集、运输、处置及城市生活垃圾治理的无害化、资源化和减量化、综合利用等一系列相关活动。与此相适应，城市生活垃圾管理机构的设置也由许多部门共同发挥作用，其中以建设部门、环卫部门、环保部门为主体。国务院环境保护行政主管部门对全国固体废物污染环境的防治工作实施统一监督管理，国务院建设行政主管部门和县级以上地方人民政府环境卫生主管部门负责城市垃圾清扫、收集、运输和处置的监管工作。

我国现行的城市生活垃圾管理体制很大程度上依然是计划经济的延续，在传统的计划经济体制下，政府是唯一的城市生活垃圾管理责任者，无论是基础设施建设、资金、政策的投入，还是具体的垃圾治理一直是作为社会公益事业由政府包揽，从垃圾的清扫、收集、运输到处理，全部的管理职能都由政府承担。现行城市垃圾管理体制是按行政区划和级别进行划分，大多数城市生活垃圾管理机构集管理职能和服务职能于一体，这种垃圾管理体制是"以块为主，条块结合"，有利于城市生活垃圾管理工作的层层落实，为解决城市生活垃圾问题起到重要作用。

（二）农村生活垃圾管理

农村生活垃圾是指在农村区域的当地居民日常生活或者为日常生活提供服务的过程中产生的固体废弃物，包括厨余、秸秆、菜叶、包装袋、厕纸、烟头、纸盒，电池等。在我国，农村区域占国土面积的90%，农民占全国人口的70%。近年来，随着农村居民生活水平的提高，对农村生活环境的要求也越来越高，农村环境的污染尤其是生活垃圾的污染已逐渐成为农村污染的主要形式。我国农村生活垃圾产生量不断增加，根据有关调查，全国农村生活垃圾年产生量约3亿吨，约占城市生活垃圾产生量的75%，并以每年8%~10%的速度增长。目前，在一些经济相对发达的农村，实行了生活垃圾村收集—镇（乡）转运—县（区）处理的处理模式，但是由于受到各种因素的制约，并没有达到预期的效果。总体来说，我国大部分地区农村生活垃圾还是处于无人管理的状态，农村垃圾的处置方式主要集中在随意堆放、露天焚烧和简易沤肥三种处理方式，但无论哪一种处理方式，对环境造成的危害都不可低估。随意堆放，垃圾长时间经雨水冲洗过程中会产生一些污染物，如重金属（Hg、Cd 等）、COD 等的溶出，经雨水流到地表水或渗入到地下污染地下水，同时对当地的土壤造成一定程度的污染；露天焚烧无任何烟尘收集处理装置，焚烧温度低且燃烧不充分，产生有毒有机污染物；简单沤肥没有控制发酵条件，且没有污染防治措施，产生恶臭气体直接释放到大气中，产生渗滤液直接释放到环境中。

关于农村生活垃圾的处理，目前大部分省市采用"户分类、村收集、镇转运、县（市）处置"或"户收集、村集中、镇转运、县处理"，以及"组保洁、村收集、镇转运、县（市）集中处置"的处理模式，这种方式是农村生活垃圾处理的有效方式，可以在较短的时间内解决部分农村生活垃圾问题。例如，广东省从编制规划、提高处理率、建转运站、建收集点、净化城镇、清洁乡村等六个方面提出了具体目标，要用三年时间实现全省城乡垃圾收集、运输、处理全覆盖。

上述运行的农村生活垃圾处理模式对于距离乡镇较近的农村生活垃圾收运处理虽有较好的成效，然而仍存在一些问题。例如，农村村庄分散、经济欠发达、交通不便、人口密度小，垃圾送县级以上填埋场存在长距离输送、处理成本高的问题。远距离且偏远的部分农村生活垃圾还普遍处于粗放的"无序"管理状态，生活垃圾采用敞开式收集，采用人力车、农用车等非专用垃圾车辆运输，采用就近堆放、填坑填塘、露天焚烧、简易填埋等方式进行处置。大量生活垃圾无序丢弃或露天堆放，对环境造成严重污染。

总体来说，目前我国村镇生活垃圾收运处理设施缺乏、污染严重，在技术、资金和管理方面存在较大的问题：①对农村环保工作的重要性认识不清，相关法律法规和政策在农村没有较好的落实。②对农村环境保护工作给予的重视不够，尤其对农村环境基础设施建设的资金投入较少。很多地方国家投资建设了污染治理设施，却存在无钱运营和无专业人员管理的问题。③农村环境保护工作的相关机构不健全，而且村镇没有专业的环保工作者，监管和执行力度受到严重影响。④农村环境污染的治理技术相对落后，仅农村沼气技术和推广成效较显著，而对于生活污水及生活垃圾等无成熟且经济可行的处理处置技术，严重影响了环保工作的开展。

针对农村生活垃圾的产生特点，实际处理过程中应当以降低运输成本和减少处理过程中的环境风险为重点。

第一，受经济发展水平和农民生活习惯和生活方式的影响，不同农村地区的生活垃圾组成有所不同，但主要可以分为以厨余垃圾为主的有机垃圾，以灰土、砖瓦为主的无机垃圾，以塑料、玻璃、金属为主的废品和电池、农药瓶等为主的有害垃圾四大类。在农村推行垃圾分类收集具有以下优势：①相对于城市紧密型的居住空间，农村相对宽敞的居住空间使得垃圾分类收集更容易满足；②若垃圾随意堆放在村口，会产生恶臭滋生蚊虫，产生的垃圾渗沥液会污染河流、土壤、地下水，因此相对于城市居民，农村居民更能够切身感受到垃圾污染的危害；③虽然农村人口文化水平低，环保知识相对贫乏，但是农村地区特有的生活方式及习惯无形中养成了农村居民垃圾分类的意识。综上三点，在农村推行垃圾分类具有可行性。

第二，由于农村垃圾产生相对分散，垃圾集中收集处理处置的运输成本较高。因此，在分类收集的前提下，分类后的垃圾中适宜采用就地处理的部分应进行就地处理，减少垃圾运输量，降低处理系统的运行费用。

参考文献

［1］ 崔虹．基于水环境污染的水质监测及其相应技术体系研究［M］．北京：中国原子能出版社，2021.

［2］ 李军栋，李爱兵，呼东峰．水文地质勘查与生态环境监测［M］．汕头：汕头大学出版社，2021.

［3］ 隋鲁智，吴庆东，郝文．环境监测技术与实践应用研究［M］．北京：北京工业大学出版社，2021.

［4］ 吴文强，陈学凯，彭文启．基于无人水面船的水环境监测系统研究［M］．郑州：黄河水利出版社，2021.

［5］ 李甫，肖建设．青海省生态环境监测与评估［M］．北京：气象出版社，2021.

［6］ 刘捷．广西生态环境监测发展与改革研究［M］．南宁：广西科学技术出版社，2021.

［7］ 胡丹，张瑜，杨维耿．国家辐射环境监测网辐射环境质量监测技术［M］．哈尔滨：哈尔滨工程大学出版社，2021.

［8］ 周生路．耕地资源质量与土壤环境监测评价新方法［M］．北京：科学出版社，2021.

［9］ 刘兆民，张建奎．环境工程及环境监测实验指导书［M］．北京：中国农业科学技术出版社，2021.

［10］ 梁东丽，王铁成．环境监测实验［M］．北京：中国农业出版社，2021.

［11］ 马焕春，汤超，余从熙．水环境监测与评价［M］．北京：中国水利水电出版社，2021.

［12］ 蒋绍妍．环境监测［M］．北京：中国林业出版社，2021.

［13］ 聂文杰．环境监测实验教程［M］．徐州：中国矿业大学出版社，2020.

［14］ 王森，杨波．环境监测在线分析技术［M］．重庆：重庆大学出版社，2020.

［15］ 李丽娜．环境监测技术与实验［M］．北京：冶金工业出版社，2020.

［16］ 李秀红．生态环境监测系统［M］．北京：中国环境出版集团，2020.

［17］ 张宝军．水环境监测与治理职业技能设计［M］．北京：中国环境出版集团，2020.

［18］邱诚，周筝．环境监测实验与实训指导［M］．北京：中国环境出版集团，2020.

［19］曲磊，石琛．环境监测技术汉英对照［M］．天津：天津科学技术出版社，2020.

［20］曾健华，潘圣．土壤环境监测采样实用技术问答［M］．南宁：广西科学技术出版社，2020.

［21］杜晓玉．面向水环境监测的传感网覆盖算法研究［M］．开封：河南大学出版社，2020.

［22］王伟民．深圳生态环境遥感监测方法与实践第3卷［M］．北京：中国环境出版集团，2020.

［23］李海峰．成德一体化背景下城市热环境效应的遥感动态监测与评价［M］．郑州：黄河水利出版社，2020.

［24］乔仙蓉．环境监测［M］．郑州：黄河水利出版社，2020.

［25］隋聚艳，郭青芳．水环境监测与评价［M］．郑州：黄河水利出版社，2020.

［26］刘音．环境监测实验教程［M］．北京：煤炭工业出版社，2019.

［27］焦连明．海洋环境立体监测与评价［M］．北京：海洋出版社，2019.

［28］奚旦立．环境监测［M］．北京：高等教育出版社，2019.

［29］孙成，鲜启鸣．环境监测［M］．北京：科学出版社，2019.

［30］简敏菲，汪玉梅．环境监测［M］．哈尔滨：东北林业大学出版社，2019.

［31］周国梅，刘平，王语懿，等．土壤环境管理国际经验研究［M］．北京：中国环境出版集团，2019.

［32］李莉．城市尺度大气环境管理平台技术应用［M］．北京：中国建材工业出版社，2019.

［33］李岩．构建适应绿色发展的环境管理体系研究［M］．北京：光明日报出版社，2019.

［34］许秋瑾，胡小贞．水污染治理、水环境管理和饮用水安全保障技术评估与集成［M］．北京：中国环境出版集团，2019.